コンピュータシミュレーション ［改訂2版］

伊藤俊秀・草薙信照 [共著]
Toshihide Ito　Nobuteru Kusanagi

COMPUTER SIMULATION

Ohmsha

本書に掲載されている会社名・製品名は，一般に各社の登録商標または商標です．

本書を発行するにあたって，内容に誤りのないようできる限りの注意を払いましたが，本書の内容を適用した結果生じたこと，また，適用できなかった結果について，著者，出版社とも一切の責任を負いませんのでご了承ください．

本書は，「著作権法」によって，著作権等の権利が保護されている著作物です．本書の複製権・翻訳権・上映権・譲渡権・公衆送信権（送信可能化権を含む）は著作権者が保有しています．本書の全部または一部につき，無断で転載，複写複製，電子的装置への入力等をされると，著作権等の権利侵害となる場合があります．また，代行業者等の第三者によるスキャンやデジタル化は，たとえ個人や家庭内での利用であっても著作権法上認められておりませんので，ご注意ください．

本書の無断複写は，著作権法上の制限事項を除き，禁じられています．本書の複写複製を希望される場合は，そのつど事前に下記へ連絡して許諾を得てください．

出版者著作権管理機構
（電話 03-5244-5088，FAX 03-5244-5089，e-mail：info@jcopy.or.jp）

JCOPY ＜出版者著作権管理機構 委託出版物＞

改訂にあたって

『コンピュータシミュレーション』第 1 版を出版してから 12 年が経った．この間，GPU などのハードウェアの性能が向上したこともあり，人工知能（AI）の分野でニューラルネットワークを多層化したディープラーニングのネットワークがいくつも考案され，飛躍的な進化を遂げた．囲碁の名人に勝利するなど社会的な話題にもなったが，工場や発電所などの巨大プラントや道路などのインフラの管理，医療分野での画像診断，交通渋滞の予測までさまざまな分野で活用が期待されている．

そこで今回，ニューラルネットワークの章の内容を見直し，ディープラーニングも加えて改訂版を出版することとした．ディープラーニングの応用例は，卒業生の山本雄平さんに草稿をお願いした．ほかに，第 2 章にアルゴリズムとフローチャートの解説を加え，全体を見直した．

なお，第 1 版と同様に，サンプルプログラムおよび各章末の演習問題の解答例をオーム社の書籍紹介 Web サイトよりダウンロードできるので，参考にしていただきたい．プログラムのアルゴリズムに変更はないが，最近のバージョンに対応するように改修しており，Excel（2013, 2016, 365）で動作を確認している（Windows のバージョンは，7, 8, 10）．

2018 年 12 月

著者らしるす

第1版はしがき

　コンピュータシミュレーションは比較的新しい科目であり，どのような視点でどのような分野を対象とするかについて，関係者の間で必ずしも統一した見解があるわけではない．本書は，ニュートン力学に代表される決定的モデルを出発点とし，乱数を用いた確率的モデルを経てカオスに至るまでを一つの流れとして，ここに大半の章を構成した．決定的モデルを完全に否定するカオスが，実は決定的モデルの内にも秘められていたということは大変に興味深く，こういった意味では，決定的モデルに始まって決定的モデルに終わったという感もある．

　また，この流れとは別に，ハードウェアの性能の向上とソフトウェアの多様性，利便性の向上に伴い，生物や社会の仕組みを模擬したモデルによるシミュレーションが容易になった．これらをアナロジーに基づくモデルとして最後にまとめたが，ページ数も限られているので，著者らの判断で適用範囲が広いと思われるものを優先的に取り上げた．

　各章は長年にわたって研究が進められてきた分野であり，概略的に解説するとしても，それぞれ1冊の著作でもとても足りるものではない．本書は，シミュレーションという複合的な分野にわたるテーマを包括的に理解するという視点から，よく知られている論点やモデルを中心にまとめた．さらに，文系の学生にもわかりやすくするために，全体的な鳥瞰が容易に眺望できることを重視して各章を完結させた．このため，必ずしも細部にわたった詳細な解説とはなっていない面もある．

　より理解を深めるためには，参考文献に記載した文献や専門書などを参照していただきたい．また，具体的なモデルの挙動，あるいは本書で紹介できなかったモデルについては，下記URLのWebサイトに掲載したプログラムで確認していただきたい．各章末の演習問題のヒントと解答例も下記からダウンロードできる※．

　本書の出版にあたって，オーム社出版部の方々には企画の段階から大変お世話になった．ここに記して感謝申し上げる．

※改訂2版発行にあたって，第1版のダウンロードサービスは終了しました．

最後に，本書は関西大学総合情報学部の講義科目「コンピュータシミュレーション」の内容をもとに作成した．1996 年に開講してから 10 年が経つが，今回，テキストとしてまとめるにあたり，11 章のカオスの応用事例は第 1 期卒業生の野村泰稔さんに草稿を作成していただいた．また，4 年生の鳥形由希さんには半数にわたる図を作成していただいた．開講当初，本科目は他大学でもまれな新規性の強いものであったが，授業を通し，さまざまな紆余曲折を経てここに至った．この間，お付き合いいただいた受講生に感謝の意を込めて締めくくりたい．

2006 年 3 月

関 西 大 学　伊 藤　俊 秀
大阪経済大学　草 薙　信 照

目　次

1章　コンピュータシミュレーション概観

1.1　シミュレーションの歴史と意義 …………………………………… *1*
　　1. シミュレーションの起源と発展 ………………………………… *1*
　　2. シミュレーションの意義 ………………………………………… *3*
1.2　シミュレーションモデルの分類 …………………………………… *5*
　　1. モデル化の過程 …………………………………………………… *5*
　　2. モデルの分類 ……………………………………………………… *5*
演習問題 ……………………………………………………………………… *8*

2章　モデル構築のための基礎知識

2.1　各節での解説とモデルとの関係 …………………………………… *9*
2.2　数　列 ………………………………………………………………… *10*
　　1. 数列の基本知識 …………………………………………………… *10*
　　2. フィボナッチ数列 ………………………………………………… *12*
2.3　行　列 ………………………………………………………………… *13*
　　1. 行列表現と基本的な演算 ………………………………………… *13*
　　2. 単位行列と逆行列 ………………………………………………… *15*
2.4　微分と積分 …………………………………………………………… *16*
　　1. 微分の目的 ………………………………………………………… *16*
　　2. 積分の役割 ………………………………………………………… *18*
2.5　数値解析 ……………………………………………………………… *19*
　　1. 数値解析の手法と誤差 …………………………………………… *19*
　　2. 方程式の数値解法 ………………………………………………… *19*
　　3. 定積分の数値計算 ………………………………………………… *21*
　　4. 差分法による微分方程式の数値計算 …………………………… *22*
2.6　確率と確率事象の表現 ……………………………………………… *24*
　　1. 確　率 ……………………………………………………………… *24*
　　2. シミュレーションでの確率表現 ………………………………… *26*

2.7 アルゴリズムとフローチャート ………………………… *28*
    1. 情報処理におけるアルゴリズム ……………………… *28*
    2. アルゴリズムを表現する方法としてのフローチャート … *28*
    3. フローチャートの具体的な記述例 …………………… *30*
  演習問題……………………………………………………… *31*

3章　決定的モデルのシミュレーション

  3.1 決定的モデルとシミュレーション …………………… *33*
    1. 決定的モデルと確率的モデル ………………………… *33*
    2. 決定的モデルのシミュレーション …………………… *34*
  3.2 力学モデル ……………………………………………… *35*
    1. 力学モデルの考え方 …………………………………… *35*
    2. 物体の放物運動 ………………………………………… *37*
    3. 空気抵抗のある放物運動 ……………………………… *38*
  3.3 人口変動モデル ………………………………………… *40*
    1. 人口変動の要因とモデル化 …………………………… *40*
    2. 環境に制限がない自然増減 …………………………… *41*
    3. 環境に制限がある自然増減 …………………………… *42*
    4. 捕食者と被捕食者の関係 ……………………………… *43*
  演習問題……………………………………………………… *45*

4章　経営モデルのシミュレーション

  4.1 経営学とシミュレーション …………………………… *47*
  4.2 損益分岐点の分析 ……………………………………… *48*
    1. 損益分岐点 ……………………………………………… *48*
    2. 不比例的可変費用を考慮した分析 …………………… *49*
  4.3 線形計画法 ……………………………………………… *50*
    1. 最適化問題と数理計画法 ……………………………… *50*
    2. 線形計画問題の定式化 ………………………………… *51*
    3. 線形計画問題のグラフ解法 …………………………… *52*
  4.4 線形計画問題のシンプレックス解法 ………………… *54*
    1. シンプレックス解法 …………………………………… *54*

                2. 線形計画問題の標準形と基底解 ……………………… *54*
                3. シンプレックス表による解法の手順 …………………… *56*
        4.5 その他の数理計画法 ……………………………………… *58*
                1. 整数計画問題 …………………………………………… *58*
                2. 非線形計画問題 ………………………………………… *58*
        演習問題 …………………………………………………………… *60*

5章　経済モデルのシミュレーション

    5.1 経済学とシミュレーション ……………………………………… *63*
    5.2 均衡価格の分析 ………………………………………………… *64*
            1. 市場メカニズム（需要と供給の原理） ………………… *64*
            2. 需要表と需要曲線 ……………………………………… *64*
            3. 供給表と供給曲線 ……………………………………… *65*
            4. 需要と供給の均衡 ……………………………………… *66*
            5. 需要・供給の移動による効果 ………………………… *66*
    5.3 産業連関分析 …………………………………………………… *67*
            1. 産業連関表 ……………………………………………… *67*
            2. 投入係数 ………………………………………………… *68*
            3. 均衡産出高モデルとレオンチェフ逆行列 ……………… *68*
            4. 輸入の取扱い …………………………………………… *69*
            5. 生産誘発額と生産誘発係数 …………………………… *70*
    5.4 計量モデル分析 ………………………………………………… *71*
            1. 計量モデルの概要 ……………………………………… *71*
            2. 方程式の種類 …………………………………………… *71*
            3. 方程式の推定 …………………………………………… *72*
            4. 計量モデルのテスト …………………………………… *73*
            5. シミュレーション（計量モデルの解法） ……………… *74*
    演習問題 …………………………………………………………… *75*

6章　確率的モデルのシミュレーションと乱数

    6.1 確率的モデルとシミュレーション ……………………………… *79*
            1. 確率的モデルの考え方 ………………………………… *79*

		2. 大数の法則と中心極限定理 …………………………………… *80*
	6.2	乱数とは何か………………………………………………………… *82*
		1. 乱数と乱数列 ……………………………………………… *82*
		2. 一様乱数 …………………………………………………… *83*
		3. 特殊な分布に従う乱数 …………………………………… *84*
	6.3	擬似乱数の発生と検定 …………………………………………… *88*
		1. 一様な擬似乱数の発生 …………………………………… *88*
		2. 乱数列の検定 ……………………………………………… *91*
	演習問題………………………………………………………………… *97*

7章　モンテカルロ法

  7.1　モンテカルロ法とシミュレーション ……………………………… *99*
        1. モンテカルロ法とは ……………………………………… *99*
        2. 確率的事象と決定的事象 ………………………………… *100*
        3. モンテカルロ法とシステマティック法 ………………… *103*
        4. モンテカルロ法で用いる乱数 …………………………… *104*
  7.2　モンテカルロシミュレーションの例題 ……………………………… *105*
        1. ランダムウォーク ………………………………………… *105*
        2. Buffon の針 ………………………………………………… *107*
        3. 定積分の計算 ……………………………………………… *108*
  7.3　モンテカルロシミュレーションの精度 ……………………………… *110*
        1. モンテカルロ法の精度 …………………………………… *110*
        2. 精度を高めるための手法 ………………………………… *112*
  演習問題…………………………………………………………………… *113*

8章　在　庫　管　理

  8.1　在庫管理の基礎知識 ………………………………………………… *115*
        1. 在庫管理と在庫問題 ……………………………………… *115*
        2. 在庫管理の基本モデルと経済的発注量 ………………… *115*
        3. 品切れ損失を含むモデル ………………………………… *117*
        4. 需要分布と安全在庫 ……………………………………… *119*
  8.2　定量発注方式と定期発注方式 ……………………………………… *120*

　　　　　1. 定量発注方式（発注点方式） ……………………………… *120*
　　　　　2. 定期発注方式 …………………………………………… *121*
　　　　　3. ABC 分析（発注方式の決め方） ………………………… *122*
　　8.3　在庫問題とモンテカルロ法 ………………………………… *123*
　　　　　1. 新聞売子問題 …………………………………………… *123*
　　　　　2. 品切れ損失を含む在庫問題のモデル化 ………………… *127*
　　演習問題 …………………………………………………………… *130*

9章　待ち行列

　　9.1　待ち行列理論 ………………………………………………… *133*
　　　　　1. 待ち行列という現象 …………………………………… *133*
　　　　　2. 待ち行列モデルの構造 ………………………………… *134*
　　　　　3. 待ち行列システムの評価指標 ………………………… *136*
　　9.2　いろいろな待ち行列モデル ………………………………… *139*
　　　　　1. 待ち行列モデルの分類 ………………………………… *139*
　　　　　2. $M/M/S(N)$モデル …………………………………… *139*
　　　　　3. その他のモデル ………………………………………… *144*
　　9.3　待ち行列問題とモンテカルロ法 …………………………… *147*
　　　　　1. 単位時間進行方式のシミュレーション ……………… *147*
　　　　　2. 事象-事象進行方式のシミュレーション ……………… *150*
　　演習問題 …………………………………………………………… *155*

10章　フラクタル

　　10.1　フラクタル幾何学 ………………………………………… *159*
　　　　　1. フラクタルの発想 ……………………………………… *159*
　　　　　2. フラクタルの特徴 ……………………………………… *161*
　　10.2　フラクタル図形 …………………………………………… *162*
　　　　　1. さまざまなフラクタル図形 …………………………… *162*
　　　　　2. 中点変位法 ……………………………………………… *163*
　　10.3　フラクタル次元 …………………………………………… *165*
　　　　　1. フラクタル次元 ………………………………………… *165*
　　　　　2. フラクタル次元の計測 ………………………………… *165*

10.4　フラクタルの応用 …………………………………… *167*
演習問題 ……………………………………………………… *169*

11章　カ オ ス

11.1　カオス理論 ……………………………………………… *171*
　　1. カオス理論の誕生 ……………………………………… *171*
　　2. ロジスティック関数のカオス性 ……………………… *172*
　　3. リャプノフ指数 ………………………………………… *174*
11.2　ストレンジアトラクタ ………………………………… *177*
　　1. アトラクタ ……………………………………………… *177*
　　2. ストレンジアトラクタ ………………………………… *177*
11.3　カオス理論の応用 ……………………………………… *179*
演習問題 ……………………………………………………… *182*

12章　機 械 学 習

12.1　機械学習 ………………………………………………… *183*
12.2　ニューラルネットワーク ……………………………… *185*
　　1. 脳のモデル化 …………………………………………… *185*
　　2. ネットワークの分類 …………………………………… *187*
　　3. 学習則 …………………………………………………… *189*
12.3　ディープラーニング …………………………………… *195*
　　1. 順伝播型ニューラルネットワーク …………………… *195*
　　2. 畳込みニューラルネットワーク ……………………… *196*
　　3. 再帰型ニューラルネットワーク ……………………… *198*
12.4　ニューラルネットワークとディープラーニングの応用例
　　　……………………………………………………………… *199*
　　1. ニューラルネットワークの応用例 …………………… *199*
　　2. ディープラーニングの応用例 ………………………… *201*
演習問題 ……………………………………………………… *204*

13章　遺伝的アルゴリズム

- 13.1　進化論と遺伝的アルゴリズム *205*
  - 1. 進化論 *205*
  - 2. アナロジーとしての遺伝的アルゴリズム *206*
- 13.2　遺伝的アルゴリズムによる最適解の探索 *207*
  - 1. 解探索のためのオペレーション *207*
  - 2. 致死遺伝子の回避 *210*
- 13.3　遺伝的アルゴリズムの応用 *212*
- 演習問題 *214*

14章　セルとエージェントによるシミュレーション

- 14.1　相互作用のモデル化 *215*
- 14.2　セルオートマトン *216*
  - 1. 一次元のセルオートマトン *216*
  - 2. 二次元のセルオートマトン *220*
- 14.3　マルチエージェントシミュレーション *223*
  - 1. モデルの要素 *223*
  - 2. シェリングの分居モデル *223*
- 演習問題 *224*

参考文献 *225*

索引 *230*

1章
コンピュータシミュレーション概観

- **本章で学ぶこと**
- シミュレーションの意義と有用性
- シミュレーションモデルの分類
- モデル化の過程

1.1 シミュレーションの歴史と意義

1.1.1 シミュレーションの起源と発展

シミュレーション（simulation）という言葉は，今日ではそのままでも通じる外来語として定着しているが，語源は，ラテン語の $simulo$（まねる）に由来しているといわれている．模造品や偽物といった意味もあり，サッカーの違反行為に使われることもあるが，本書で扱うシミュレーションの和訳としては模擬実験が適当であろう．

いずれにしても，このように広く捉えると，シミュレーションは人間が生来備えている能力に基づく行為とも考えられ，その歴史的起源を明らかにすることはできない．おそらく，古来より狩猟や戦争などさまざまな局面で行われてきたと想像できるが，狩猟や戦争が計算どおりに進行するとは限らず，天気や風向きといった時の運を味方につけなければならない．このような，人間の手の届かない範疇は神の所作として捉えられ，シミュレーション以前の問題として，神に祈るほか術はなかった．あるいは伝染病の流行，天災，社会の混乱などの不測の事態には，生贄をささげ，呪術に頼っていた．ここで興味深いのは，こういった行為の多くが，やはり，人間ではコントロールのできない偶然に頼っていたことである．サイコロのようなもので生贄を定め，動物の死骸の骨に生じたひび割れによって政治や戦争の意思決定が行われたこともあった．

このように人類は長い間，想像を超えた事態に際しては神の呪縛から解かれることはできなかった．近代科学の発祥地であるヨーロッパでも，近代科学が認知されるまでは聖書がすべての原点であった．宇宙の起源も，神が天地を創造した時期として，聖アウグスティヌスらによって，旧約聖書の記述をもとに紀元前

5000年頃と推定されていた．

　現代においても，すべてが科学的に明らかになったわけではなく，むしろ解明が進むにつれ，さらに多くのことが人間の想像を超えた神の所作としか考えようのないこととして新たに認識されつつあるようにも思える．また，一部の偶然は確率で説明されるようにはなったが，偶然はやはり人間には予測のつかない偶然でしかなく，現代でも，この偶然が人生や恋愛を占うことに利用されることがある．しかし，それでも卜占によって国の将来が予測され，政治が行われることはなくなった．

　近代科学を背景として，シミュレーションを意識したモデル化が試みられるようになった一つの出発点として，**ニュートン力学**があげられる．シミュレーションという観点から捉えると，決定的なモデルとしては，このほかにもマルサス（Thomas R. Malthus）の人口モデル，ケインズ（John M. Keynes）の経済モデルが考えられる．一方で，それまでは神の所作としてしか考えられなかった偶然についても，17世紀には**確率**といった概念で説明されるようになっていった．18世紀後半には**モンテカルロ法**の起源ともいえる確率的モデルも考案されたが，**乱数**について深い洞察が行われるようになったのはさらに後のことであり，初めて乱数表が出版されたのは1927年のことであった（ケンブリッジ大学出版，レナード・ティペット）．コンピュータが登場してからは，短時間に大量の**擬似乱数**（**pseudo-random number**）を生成する手法が考案され，**OR**（**Operations Research**）などでは，現象に応じてさまざまな分布に従う乱数が使われ始めた．

　しかしながら，乱数で表現できる現象も限られており，**フラクタル**（**fractal**）や**カオス**（**chaos**），**複雑系**などが研究されるようになった．カオスは将来予測が不可能であるという意味ではニュートン力学のような決定的モデルを完全に否定するものではあるが，11章で述べるように，実はこの決定的モデルにカオスが潜んでいたというのも神秘的である．いずれにしても，シミュレーションを数値の分布に基づくモデル化といった視点から眺めると，このような歴史的な流れで概観できるが，これとは別に，自然現象や社会現象などのアナロジーとしてのシミュレーションも試みられてきた．脳の神経細胞を模倣した**ニューラルネットワーク**（**neural network**），**進化論**（**development theory**）にヒントを得た**遺伝的アルゴリズム**（**genetic algorithm**），人間の思考の曖昧さをモデル化した**ファジィ理論**（**fuzzy theory**），さらには**セルオートマトン**（**cellular automata**）やそ

の応用としての社会シミュレーションも研究されてきている.

一方,ハード面でもソフト面でも,コンピュータの性能が向上するにつれ,それまでは処理能力の点で実現が難しかった新たなモデル化が試みられるようになってきた.さらに,**CG**(**computer graphics**)が利用されるようになってからは,よりリアルな表現が可能となり,シミュレーションはますます身近なものとなっている.最近では,ネットワークの高速化を背景として,**グリッドコンピューティング**(**grid computing**)の利用環境も整備されてきており,並列の処理能力が飛躍的に向上している.その結果,これまでは実現が難しかったモデルのシミュレーションも可能になってきており,今後の発展が期待される.

1.1.2 シミュレーションの意義

模擬実験というとかなり堅苦しく聞こえるが,要は,現実の現象にいかに似せるかである.しかし,もう少しアカデミックな立場でシミュレーションを考えると,現実の事象にただ似せるだけではなく,似せることを目的としたモデル化によって得られる事象の解析,あるいはシミュレーションそのものの目的にも言及する必要がある.そこで,本書ではシミュレーションの意義を「**現実の現象を模擬することによってその現象の解析や予測を行う実験的・補助的な手法であり,時間,費用,危険などを軽減する目的で行われる**」とする.

実際に,シミュレーションは多くの分野で活用されているが,最も身近なものとして天気予報があげられる.天気予報は気象の進行を模擬するモデルに気象衛星や各地から得られた観測データを入力することによって天気を予測するものである(**図 1.1**).

しかしながら,気象にはカオス的な要素が含まれていることがわかり,長期にわたる予測は不可能であるといわれている.週間予報でも2~3日後の予報はかなりの精度で予測どおりの天気となるが,予測している週の終盤の予報が数日後に訂正されたといった経験も多いのではないだろうか.特に春先や梅雨時,秋の天気は変化が激しいので予測も難しいようである.一方,3か月予報や6か月予報は,エルニーニョ現象などから平均気温や総雨量などを予測するものであり,何か月か先の日々の天気をピンポイントで予測するものではない.いずれにしても,週間予報により傘や最適な服装を用意し,あるいは行程などを変更し,長期予報によってエアコンやビールなどの長期にわたる生産計画を立てることができ

1章 コンピュータシミュレーション概観

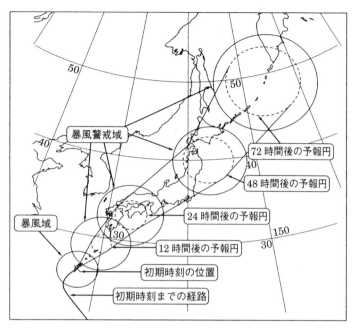

図 1.1 天気予報による台風進路の予測例
(「合格の法則気象予報士試験[学科編]」, オーム社, より)

る.このように,気象シミュレーションに基づく天気予報によって,時間や費用が節約され,危険を回避することが可能となっている.最近では環境問題が懸念されるようになり,大気のシミュレーションモデルは環境問題にも活用されるようになった.

このほかにも,フライトシミュレータ(図 1.2)や列車の運転シミュレータ,自動車教習所の運転シミュレータでは,操縦や運転をシミュレーションすることで,訓練や練習にかかる時間,費用,危険を回避することができる.さらに重要なことは,緊急の事態に備えた訓練が可能なことであり,100%の安全性を確保しながら例外的な操縦操作を繰り返して練習することができる.あるいは,経営シミュレーション,投資シミュレーション,ローンの返済シミュレーション,さらには目的地までの経路選定シミュレーションなど,身の回りでは多くのシミュレーションモデルが活用され,時間や費用のむだを軽減し危険の回避に役立てられている.

図 1.2　ボーイング 787 のフライトシミュレータ
(提供：日本航空株式会社)

1.2　シミュレーションモデルの分類

1.2.1　モデル化の過程

　モデル化とは，シミュレーションを行うために，対象をシミュレーションツールで扱える形式に書き換えて表現することである．コンピュータを用いたシミュレーションを想定した場合，モデルは数式などを用いた一定のアルゴリズムで記述しなければならない．また，当初から精緻なモデルが完成することはなく，通常は，図 1.3 に示しているように，シミュレーションを幾度か繰り返し，シミュレーション結果を評価してモデルの不具合を調整する作業が必要になる．

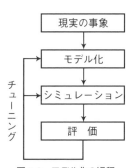

図 1.3　モデル化の過程

1.2.2　モデルの分類

　シミュレーションで対象とするモデルは，定性的・技術的な統一性がとりにくい場合が多く，また，モデル分類そのものが必ずしも実際的な効果をもたらすとは限らない．以下の分類は，対象分野，モデルにおける時間表現，事象発生の形

態といった視点からシミュレーションモデルを類型化したものである．

（a） 対象分野による分類

シミュレーションが対象とする分野は多岐にわたっており，シミュレーションの対象を一般的な意味で一概に分類することは難しい．また，分類そのものがモデルの作成などに大きく寄与することも期待しがたいが，対象分野別に分類することでシミュレーションの全体像を概観することができる．ここでは対象を，① 自然現象のモデル，② 経営・経済モデル，③ 社会現象モデルの三つの分野に分類して概観する．

① 自然現象のモデル　自然現象を予測，再現するモデルであり，具体的には，物体・流体の運動，生命活動，気象推移のモデルなどが考えられる．モデルの作成には，物理や化学を中心とした自然科学の知識が必要である．

② 経営・経済モデル　企業経営や組織の運営，あるいは経済分野に関する諸問題を考察するためのモデルであり，具体的には，損益分析，在庫分析，株価変動予測，市場均衡分析などが考えられる．モデル作成に際しては，会計学や経済理論などの知識が必要である．

③ 社会現象モデル　社会現象を解明，予測するためのモデルであり，人口推移，噂や伝染病などの伝播などが考えられる．社会科学を核としつつも，対象分野によっては，生物学，心理学など，幅広い分野の知識が必要である．

（b） 時間表現による分類

シミュレーションモデルを，時間の経過の観点から分類する．

- ① **静的モデル**（static model）
- ② **動的モデル**（dynamic model）
  - a. **連続変化モデル**（continuous-change model）
  - b. **離散変化モデル**（discrete change model）

①　静的モデル　時間的な経過を考慮せずに，定常状態での均衡を考察するモデルであり，具体的には，損益分岐点分析，線形計画法，（時間の経過を考慮しない）市場の均衡分析などが考えられる．

②　動的モデル　時間の経過とともに変化する対象の推移を観察するモデルであり，時間の経過形態に応じて，連続変化モデルと離散変化モデルに分類される．

a. 連続変化モデル：時間の経過とともに連続的に変化する事象を表現するモ

デルであり，物体や流体の運動などがあげられる．連続的な時間の変化を忠実に再現する手法として，**アナログコンピュータ**の利用が考えられる．アナログコンピュータは，電気回路の接続方法によって加減・微分積分などの演算を構成し，電圧や電流の変化で計算結果を表現するコンピュータであるが，現在ではほとんど使われることはない．

通常は，一般的に使用されている2進表現の**ディジタルコンピュータ**を用い，微少な等時間間隔での事象の発生・変化を観察することで，擬似的に連続モデルを表現する．

b. **離散変化モデル**：離散的な時間間隔で事象の発生と推移を観察するモデルである．在庫や待ち行列問題が典型的な例であり，時間変化ではなく，在庫の到着や引取り，あるいは客の到来などの変化を契機に事象を動的に捉えるモデルである．

(c) 事象発生の形態による分類

対象とする事象がどのように発生するかという形態に着目すると，**決定的モデル**（deterministic model）と**確率的モデル**（stochastic model）に分類することができる．さらに，確率を用いてもその不確定性を表現できない事象があり，その中でカオスモデルの研究が進んでいる．

① **決定的モデル**　　確率的要素や不確定要素を含まず，一連の条件から事象の発生・変化が一意的に決定されるモデルであり，ニュートン力学に基づく物体の運動や人口変動などのモデルが考えられる．

② **確率的モデル**　　一つ以上の確率的要素を含み，事象の発生・変化が確率的に定まるモデルである．個々の事象そのものに規則性はないが，全体像としての分布によって事象発生がモデル化される．コンピュータ資源の配分，**在庫問題**，**待ち行列**，自然災害や噂の伝播などのモデルが考えられる．

③ **カオスモデル**　　**非周期**で初期値に敏感に反応するため，将来の予測が不可能なモデルである．カオスの存在そのものは古くから知られていたが，気象現象の解析によって認識されるようになった．心臓の鼓動などの生体リズムや金属の打音などにカオス的な要素が認められており，診断判定のアルゴリズムへの応用が期待されている．

また，株価の変動や自然景観の**自己相似性**をモデル化したフラクタルは，**フラクタル次元**に着目すれば事象発生に関連したモデルとして分類することも可能で

はあるが，フラクタルそのものに事象発生の形態といった意味合いが強いとは思えないので，この分類から除いた．

演習問題

1.1 身近で利用されているシミュレーションをあげ，その有用性を考察せよ．

1.2 上記のシミュレーションモデルが，どのモデルに分類されるか考察せよ．

2章
モデル構築のための基礎知識

━ 本章で学ぶこと
━ 数列の基礎知識／行列の基礎知識
━ 微分と積分の有用性
━ 数値解析手法
━ 確率と確率事象の表現方法
━ アルゴリズムとフローチャート

2.1　各節での解説とモデルとの関係

　前章でモデル化の過程について触れたが，本章では具体的にモデルを構築するために必要な基礎知識として，数列，行列，微分・積分，数値解析，確率，アルゴリズムとフローチャートについて解説する．

　まず，**数列**は一定の規則に従って並べられた数値であるが，シミュレーションモデルでの表現そのものが数値のデータセットの作成といえる．例えば，運動モデルで物体の軌跡をシミュレートする場合，一定の時間間隔で物体の位置座標を算出するが，この座標値の並びは数列そのものである．また，確率的モデルの作成に不可欠な乱数列やカオスでの非周期性の表現は，逆説的ではあるが，規則性のない数列の作成ともいえる．**行列**は，行と列の二次元の数列といえるが，経済モデルでの産業連関分析に不可欠であり，本書で具体的には触れないが，ディープラーニングの学習アルゴリズムの計算では膨大な行列計算が行われる．

　また，時間の経過とともに変化する事象のシミュレーションモデルを構築する場合，通常，その事象のなるべく単純な動きを数式で記述して目的の事象の挙動を推測するが，その過程で**微分・積分**は欠かせないツールであり，最小・最大を探索する山登り法はニューラルネットワークの学習でも用いられる．**数値解析**では方程式の解の算出と差分方程式を解説するが，**差分方程式**は，微分モデルの積分が困難な場合に逐次的に原始関数の挙動を求めるために用いる．

　確率は確率モデルの基礎的な概念であるが，乱数の検定には不可欠である．また，確率的事象では，サイコロやコインの裏表などのように同様に確からしい事象はむしろ少数であり，一様分布以外の分布に従う乱数列の理解が必要である．

最後に，プログラミングでモデルを構築するためには，計算手順である**アルゴリズム**を記述する必要があり，それらの表現には**フローチャート**が用いられる．

2.2 数　　列

2.2.1 数列の基本知識

　数列とは一定の規則に従った数の並びである．おのおのの数を項といい，最初の項を初項という．各項を a で表すと，初項を a_1 とすれば数列は $\{a_1, a_2, a_3, \cdots, a_n\}$ と表記され，k 番目の項は a_k となる．数列の並びの規則をこの項数で表現した式を**一般項**という．例えば，最も身近な数列である自然数は $\{1, 2, 3, \cdots, n\}$ であるが，これを一般項で表すと，$a_n = n$ である．一方，並びの規則を隣接項どうしの関係で記述することもあり，このような式を**漸化式**という．上記で示した一般項と同様に，自然数列の漸化式を求めると，$a_n = a_{n-1} + 1$，$a_1 = 1$ である．

　また，n 項までの和は S_n と表現されるが，具体的にはギリシャ文字の $\sum$（シグマ）を用いて記述する．例えば，上記の一般項で記述した自然数の数列 $\{a_n\}$ の 1〜10 までの和は

$$S_{10} = \sum_{k=1}^{10} a_k = \sum_{k=1}^{10} k = 1+2+3+4+5+6+7+8+9+10 = 55$$

これを 1〜n までの和として，一般式で求めてみる．下記に示すように 1〜n までを，順番を逆にして加えると $(1+n)$ が n 回加算されることがわかる．

$$
\begin{array}{r}
1 + 2 + 3 + \cdots + n-2 + n-1 + n \\
+) n + n-1 + n-2 + \cdots + 3 + 2 + 1 \\
\hline
(1+n)+(1+n)+(1+n)+\cdots+(1+n)+(1+n)+(1+n)
\end{array}
$$

これより

$$\sum_{k=1}^{n} k = \frac{n(n+1)}{2} \tag{2.1}$$

が導かれる．

　このように各項の差が等しい数列を**等差数列**というが，各項の比が等しい数列は**等比数列**と呼ばれる．等比数列は，各項の比を r として，一般項は $a_n = r^{n-1} a_1$，漸化式は $a_n = r a_{n-1}$ と記述できる．等比数列の和も利息計算などによく応用されるので，n 項までの和を求めてみる．

まず初項が a の等比数列の n 項までの和は，$a(1+r+r^2+\cdots+r^{n-1})$ となる．ここで，$(1-r)(1+r+r^2+\cdots+r^{n-1})$ の展開式を考えると

$$(1-r)(1+r+r^2+\cdots+r^{n-1})$$
$$=1+r+r^2+\cdots+r^{n-1}-r-r^2-\cdots-r^{n-1}-r^n$$
$$=1-r^n$$

となるので

$$(1+r+r^2+\cdots+r^{n-1})=\frac{1-r^n}{1-r}$$

が導かれる．したがって

$$\sum_{k=1}^{n}ar^{k-1}=\frac{a(1-r^n)}{1-r} \tag{2.2}$$

ただし，$r\neq 1$ の場合に限る．

このようにして数列の和を求めることができるが，数列を加算記号で結合した式は**級数**と呼ばれ，上記のように数列の項が有限個の加算式を**有限級数**という．これに対し，限りなく無限に各項の加算が続く加算式を**無限級数**という．このとき，無限大を ∞ と表すが，等比数列の無限級数の和は式 (2.2) を用いて次のように記述される．

$$\lim_{n\to\infty}\frac{a(1-r^n)}{1-r} \tag{2.3}$$

この記号 lim は limit の略で，式 (2.3) は n が無限大のときの値（**極限値**）や挙動を表している．このとき，無限級数が，一定の値になる場合を**収束**といい，無限大になる場合を**発散**というが，正と負に振動する場合など，収束も発散もしない場合は「極限はない」と表現する．式 (2.3) の場合，n が無限大になるとき，$-1<r<1$ であれば r^n が 0 に収束するので無限級数の和は $a/(1-r)$ に収束するが，$r>1$ であれば，r^n が正の無限大に発散するので発散（$+\infty$）する．さらに，$r<-1$ のときは r^n が発散しながら n が偶数のときは正，n が奇数のときは負に振動するので，極限はない．

なお，lim は級数の和以外でも使われ，「$n\to\infty$」以外にも，「$n\to a$」のように，ある値の近傍での挙動を考察するときにも使われる．

2.2.2 フィボナッチ数列

基本的な数列として等差数列と等比数列について説明したが，これまでに興味深い数列が数多く発見されている．フィボナッチ数列は，その中でも，自然界の隠喩に富んだ数列として有名である．

この数列は「一対のウサギは何対に増えるか」という命題に端を発して 13 世紀の初頭にイタリア人のフィボナッチ（Fibonacci）によって考案された．漸化式は $a_n = a_{n-2} + a_{n-1}$, $a_1 = a_2 = 1$ で表され，$\{1, 1, 2, 3, 5, 8, 13, 21, \cdots\}$ という数列である．この数列の隣り合う項の比は，$n \to \infty$ のとき

$$\lim_{n \to \infty} \frac{a_n}{a_{n-1}} = \frac{1+\sqrt{5}}{2} = 1.618 \cdots$$

となる．この数は**黄金比（golden ratio）**と呼ばれ，古来，自然界に潜む神秘的な数として重視されており，エジプトのピラミッドやパルテノン宮殿にもこの黄金比が発見されている（図 2.1）．

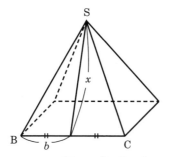

ピラミッドの高さを h として
$h^2 = bx$ のとき
$x^2 = h^2 + b^2$ より
$\left(\dfrac{x}{b}\right)^2 - \dfrac{x}{b} - 1 = 0$ となり
$\dfrac{x}{b}$ が黄金比となる．

図 2.1　クフ王のピラミッドにおける黄金比

また，ピタゴラス学派のシンボルマークであったペンタグラムにもこの黄金比があり，図 2.2 で，AC/AB，AD/AC は黄金比である．

図 2.2 で示すように，ペンタグラムはその中にできた正五角形の頂点を結ぶと新たなペンタグラムができ，その中の正五角形によって，また新たなペンタグラムが作成されるといった具合に，一つの図形の中に相似な自己を無限に含んでいる．これは，自然景観の描画手法の一つであるフラクタル（10 章）の重要な性

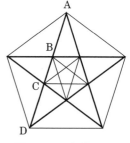

図 2.2　ペンタグラムと正五角形

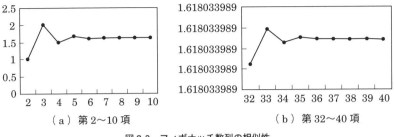

図 2.3 フィボナッチ数列の相似性

質である自己相似を構成するものであるが，フィボナッチ数列にもこの性質がある．図 2.3 で示すように，一定区間の隣り合う 2 項の比をグラフで表すと，数列の随所に相似が見られ，やがて黄金比に収束する．このように，ウサギの増殖という自然界の法則にヒントを得たフィボナッチ数列には多くの自然が隠されているようにも思える．

2.3 行　　列

2.3.1 行列表現と基本的な演算

行列は，基本的には表を式として表したものであり，連立一次方程式の解の算出や産業連関表の分析などに用いられ，式（2.4）のように記述される．

$$\begin{bmatrix} a_{11} & a_{12} & a_{13} & \cdots & a_{1n} \\ a_{21} & a_{22} & a_{23} & \cdots & a_{2n} \\ a_{31} & a_{32} & a_{33} & \cdots & a_{3n} \\ \vdots & \vdots & \vdots & \ddots & \vdots \\ a_{m1} & a_{m2} & a_{m3} & \cdots & a_{mn} \end{bmatrix} \tag{2.4}$$

横の並びを**行**といい，縦の並びを**列**というが，ここで示した行列は m 行の行と n 列の列から構成されているので $m \times n$ 行列，あるいは m 行 n 列の行列という．行列の大きさ $m \times n$ を行列の**型**といい，行数と列数が同じ行列を**正方行列**という．

式（2.4）で行列の各要素 a の右下には二つの添字が並べてあるが，これを二重添数といい，最初の添字はこの要素の行数を表し，次の添字は列数を表す．以下に行列の基本的な演算方法を説明するが，行列計算は表計算ソフトなどで手軽に

行うことができる．

(a) 行列の和と差

行列の和と差は，下記のように各要素を加算，減算することで計算される．

$$\begin{bmatrix} a_{11} & a_{12} & a_{13} & \cdots & a_{1n} \\ a_{21} & a_{22} & a_{23} & \cdots & a_{2n} \\ a_{31} & a_{32} & a_{33} & \cdots & a_{3n} \\ \vdots & \vdots & \vdots & \ddots & \vdots \\ a_{m1} & a_{m2} & a_{m3} & \cdots & a_{mn} \end{bmatrix} \pm \begin{bmatrix} b_{11} & b_{12} & b_{13} & \cdots & b_{1n} \\ b_{21} & b_{22} & b_{23} & \cdots & b_{2n} \\ b_{31} & b_{32} & b_{33} & \cdots & b_{3n} \\ \vdots & \vdots & \vdots & \ddots & \vdots \\ b_{m1} & b_{m2} & b_{m3} & \cdots & b_{mn} \end{bmatrix}$$

$$= \begin{bmatrix} a_{11} \pm b_{11} & a_{12} \pm b_{12} & a_{13} \pm b_{13} & \cdots & a_{1n} \pm b_{1n} \\ a_{21} \pm b_{21} & a_{22} \pm b_{22} & a_{23} \pm b_{23} & \cdots & a_{2n} \pm b_{2n} \\ a_{31} \pm b_{31} & a_{32} \pm b_{32} & a_{33} \pm b_{33} & \cdots & a_{3n} \pm b_{3n} \\ \vdots & \vdots & \vdots & \ddots & \vdots \\ a_{m1} \pm b_{m1} & a_{m2} \pm b_{m2} & a_{m3} \pm b_{m3} & \cdots & a_{mn} \pm b_{mn} \end{bmatrix} \quad (2.5)$$

したがって，行数か列数のどちらかが異なる行列間での演算はできない．

(b) 積

積には，ある数を掛ける演算と行列どうしの積がある．まず，ある数 k を行列に掛ける演算は

$$k \begin{bmatrix} a_{11} & a_{12} & a_{13} & \cdots & a_{1n} \\ a_{21} & a_{22} & a_{23} & \cdots & a_{2n} \\ a_{31} & a_{32} & a_{33} & \cdots & a_{3n} \\ \vdots & \vdots & \vdots & \ddots & \vdots \\ a_{m1} & a_{m2} & a_{m3} & \cdots & a_{mn} \end{bmatrix} = \begin{bmatrix} ka_{11} & ka_{12} & ka_{13} & \cdots & ka_{1n} \\ ka_{21} & ka_{22} & ka_{23} & \cdots & ka_{2n} \\ ka_{31} & ka_{32} & ka_{33} & \cdots & ka_{3n} \\ \vdots & \vdots & \vdots & \ddots & \vdots \\ ka_{m1} & ka_{m2} & ka_{m3} & \cdots & ka_{mn} \end{bmatrix} \quad (2.6)$$

というように，各要素に k を掛けて計算する．一方，行列どうしの積は

$$\begin{bmatrix} a_{11} & a_{12} & a_{13} & \cdots & a_{1n} \\ a_{21} & a_{22} & a_{23} & \cdots & a_{2n} \\ a_{31} & a_{32} & a_{33} & \cdots & a_{3n} \\ \vdots & \vdots & \vdots & \ddots & \vdots \\ a_{m1} & a_{m2} & a_{m3} & \cdots & a_{mn} \end{bmatrix} \begin{bmatrix} b_{11} & b_{12} & b_{13} & \cdots & b_{1k} \\ b_{21} & b_{22} & b_{23} & \cdots & b_{2k} \\ b_{31} & b_{32} & b_{33} & \cdots & b_{3k} \\ \vdots & \vdots & \vdots & \ddots & \vdots \\ b_{n1} & b_{n2} & b_{n3} & \cdots & b_{nk} \end{bmatrix} = \begin{bmatrix} c_{11} & c_{12} & c_{13} & \cdots & c_{1k} \\ c_{21} & c_{22} & c_{23} & \cdots & c_{2k} \\ c_{31} & c_{32} & c_{33} & \cdots & c_{3k} \\ \vdots & \vdots & \vdots & \ddots & \vdots \\ c_{m1} & c_{m2} & c_{m3} & \cdots & c_{mk} \end{bmatrix}$$

として

$$c_{ij} = a_{i1}b_{1j} + a_{i2}b_{2j} + a_{i3}b_{3j} + \cdots + a_{in}b_{nj} = \sum_{k=1}^{n} a_{ik}b_{kj} \quad (2.7)$$

である．

つまり，掛けられる行列（左側の行列）の i 行と，掛ける行列（右側の行列）の

j列の要素を一つずつ掛けた値の合計を結果の行列のi行j列の要素とする．したがって，掛けられる行列の列数と掛ける行列の行数が等しくなければならない．また，$m \times n$行列と$n \times j$行列の積は$m \times j$行列となる．

2.3.2 単位行列と逆行列

まず，**単位行列**とは正方行列で左上から右下にかけての対角線上の要素が1で，他のすべての要素が0の行列をいい，IまたはEで表す．

例えば3×3の単位行列は

$$I = \begin{bmatrix} 1 & 0 & 0 \\ 0 & 1 & 0 \\ 0 & 0 & 1 \end{bmatrix} \tag{2.8}$$

この行列は，行列の積で，数の掛け算の1に相当する働きをする．すなわち，行列AとIの積は，$AI = IA = A$となる．

次に，**逆行列**とは逆数の働きをする行列をいう．行列の計算には割り算はないが，逆数に相当する逆行列を用いることで割り算のような演算を可能にしている．例えば

$$\frac{a}{b}$$

という割り算はaにbの逆数を掛け

$$a \times \frac{1}{b}$$

として計算することができるが，これを行列計算にも応用する．この場合，行列Aの逆行列はA^{-1}と表記される．

また

$$b \times \frac{1}{b} = \frac{1}{b} \times b = 1$$

であるように，行列計算においても，行列Aとその逆行列A^{-1}の積は$AA^{-1} = A^{-1}A = I$であり，Aは正方行列でなければならない．

例えば，2×2の正方行列

$$A = \begin{bmatrix} a_{11} & a_{12} \\ a_{21} & a_{22} \end{bmatrix}$$

に対して，$D = a_{11}a_{22} - a_{12}a_{21}$を行列$A$の**行列式**といい，$D \neq 0$のときに

$$A^{-1} = \frac{1}{D}\begin{bmatrix} a_{22} & -a_{12} \\ -a_{21} & a_{11} \end{bmatrix} \tag{2.9}$$

となる．逆行列を求める手法としては，**余因子**による行列を用いる方法や**掃出し法**などがあるが，Excel などで算出することができる．

2.4 微分と積分

2.4.1 微分の目的

微積分の最初の発見をめぐるニュートン（Isaac Newton）とライプニッツ（Gottfried W. Leibniz）の論争は有名である．しかしながら，微積分そのものがきわめて直観的で自然な発想であることを考えると，実はかなり以前から多くの研究者によって考えられており，本格的な体系化に至ったのがニュートンとライプニッツであったのではないだろうか．

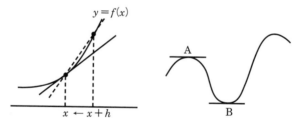

（a）微分値の求め方　　　（b）接線の傾きが0の点

図 2.4　微分値の求め方と接線の傾きが 0 の点

微分は，図 2.4(a) で示しているように，曲線の任意の点における傾き，すなわちその点における接線の傾きを求めることである．この傾きは，この点を一端とする区間における y 方向と x 方向の長さの比で近似することができ，この区間を縮めることで近似の精度が増す．すなわち，曲線 $y=f(x)$ における点 x の微分は

$$\lim_{h \to 0} \frac{f(x+h)-f(x)}{h} \tag{2.10}$$

であり，直観的に，この点における y 方向の瞬間的な値の変化であるとも解釈できる．

さて，二次以上の高次関数で描かれる曲線のグラフを考えると，関数の最大値ではグラフは山の頂点を描き，最小値では谷底となる．このとき，図 2.4(b) の点 A，B で示しているように，グラフの山頂と谷底での接線は傾きが 0 の水平な直線となる．すなわち，傾きが 0 の点は，曲線の最大値，あるいは最小値となる必要条件を満たしている．したがって，ある関数の最大，最小を求めたいときは，微分値が 0 となる点を探せばよい．

このように微分は有力な道具となるが，点 A のように，最大や最小ではなく，単に上昇から下降に転じる極大点や，その逆の極小点である可能性もあるので，慎重な吟味が必要である．

微分の表記方法として，$y=f(x)$ の場合は

$$\frac{dy}{dx}, \quad y', \quad \frac{d}{dx}f(x), \quad f'(x), \quad f'$$

などがある．

また，変数が二つ以上の場合は偏微分といい，例えば 2 変数の関数 $z=f(x,y)$ に対し

x 方向の微分は $\quad \dfrac{\partial z}{\partial x}, \quad \dfrac{\partial}{\partial x}f$

y 方向の微分は $\quad \dfrac{\partial z}{\partial y}, \quad \dfrac{\partial}{\partial y}f$

のように英文字の d の代わりにギリシャ文字の ∂ を用いて記述する．

図 2.5 山の上り下りは最大傾斜が効率的

一方，図 2.5 でイメージしているように，山の上り下りは，最大傾斜を選んで進むのが最も効率的である．これと同様に，微分値で示される最も大きな傾きを上方向に移動すれば効率的に最大点に到達し，下方向に移動すれば効率的に最小点に到達する．この手法を**山登り法**というが，やはり極点に達した後で，最大か最小かの慎重な吟味が必要である．

このように，微分を利用すると，高次関数の最大や最小を求めることができるが，微分はシミュレーションモデルの記述に欠くことができない便利な道具でもある．例えば，ニュートン力学は，時間の変遷とともに移動する物体の移動距離と速度，加速度の関係を微分によって記述している体系であるが，時間を t として，移動距離を $x(t)$，速度を $v(t)$，加速度を a（一定）とすると，これらの関係を

微分方程式として，以下のように表現することができる．

$$\frac{dv}{dt}=a, \quad \frac{dx}{dt}=v(t) \qquad (2.11)$$

すなわち，速度の微分が加速度であり，距離の微分が速度の関係にあたる．これは，ある時点での瞬間的な速度の変化が加速度であり，位置（距離）の変化が速度であることを示している．

この変化の過程は，物体の移動のみではなく，金属に熱を加え続けた場合の温度の変化，電気回路の電圧や電流の変化，あるいは自然科学以外でも噂や伝染病の伝播状況やその速度変化などに応用することが可能で，微分方程式はシミュレーションモデルの記述に大変有効である．

2.4.2 積分の役割

積分は原理的には，すでにエジプト時代に面積を求める目的で行われていたといわれている．つまり，図 2.6 で示しているように，ある曲線で囲まれた領域の面積は，微小区間で区切った面積の和として計算することができる．これが，積分の原理的な考え方である．

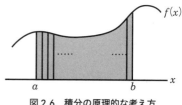

図 2.6　積分の原理的な考え方

また，この極小区間の幅を小さくするほど面積の精度は高くなる．

微分と積分は逆の関係にあり，ある関数 F を微分したとき，微分してできた関数 f を積分すればもとの関数 F となる．つまり，式 (2.11) のように微分の形で表現されたモデルを積分すれば，モデル自体の関数を導くことができる．

積分は「インテグラル」と呼ばれる記号 $\int$ を用いて記述される．図 2.6 で示されている面積は，横軸 x が a と b の区間の面積であるので，$\int_a^b f(x)dx$ と表記される．このように一定区間の積分値を求めるための積分を**定積分**というが，面積のような具体的な値ではなく，積分された式そのものを求める場合は，a と b の区間は記載しないで表現する．一例として，式 (2.11) で記述されているモデルを加速度から積分すると，以下のように速度と移動距離の一般的な解としての式を導くことができる．

$$v(t)=\int \frac{dv}{dt}dt=\int a\,dt$$

より $v(t)=at+v_0$ となり，これより

$$x(t)=\int \frac{dx}{dt}dt=\int v(t)dt=\int (at+v_0)dt$$

となるので

$$x(t)=\frac{1}{2}at^2+v_0 t+x_0 \tag{2.12}$$

となる．ただし，v_0 は初速度，x_0 は初期の位置座標である．この計算は，積分の中でも最も初歩的なものであるが，技術的な式変形にとらわれず，微分モデルを積分することによって，一般解としてのモデルを導出することができるということを理解してほしい．

2.5 数値解析

2.5.1 数値解析の手法と誤差

モデルが数式で定式化されたとしても，非線形性や複雑な境界条件などの要因から解析的に解くことが困難である場合，**数値解析**法が適用される．数値解析は，ある現象を定式化した数学モデルに対して，これを離散化した計算モデルを用意し，この計算モデルにしたがって数値解を求めるものである．

このようにして得られた数値解は，解析的に得られる厳密解に一致するとは限らず，むしろ計算過程での誤差は避けがたいと考えるべきであろう．一つは，本来は連続値である変数を離散化し，近似公式を用いることによって生じるもので，このような誤差を**離散化誤差**（discretization error）という．もう一つはコンピュータの演算過程で生じる誤差で，10進数と2進数の変換に伴う**丸め誤差**，有限桁数で演算することに伴う**情報落ち**や**桁落ち**などの誤差がある．

数値計算による誤差をできるだけ小さくするためには，数値の有効桁数を増やす（単精度演算より倍精度演算を用いる）ことは基本であるが，計算モデルにおけるアルゴリズムや計算順序の見直しも重要な手段である．

2.5.2 方程式の数値解法

x を未知数とする方程式 $f(x)=0$ の解を求める問題を考えてみよう．この場合，関数 $f(x)$ が x の四次以下の多項式であれば，解を求める公式が存在する．

つまり，これらの方程式に対しては代数的解法が適用できる．

しかし，五次以上の多項式で表される方程式については一般解が存在しないことがガロア（Évariste Galois）によって証明されており，多くの非線形方程式についても同様である．これらの方程式に対して代数的解法を適用することはできないが，関数の係数が具体的な数値で与えられれば，数値解法を適用することができる．代表的な数値解法としては，**二分法**（method of bisection），**ニュートン法**（Newton method）のほか，**Bairstow 法**，**Horner 法**，**Bernoulli 法**，**Graeffe 法**などがある．ここでは，二分法とニュートン法について，解法の手順を見てみよう．

二分法は，解の探索区間を半分ずつ狭めながら，近似解を求める解法である．いま，関数 $f(x)$ が x の連続関数で，2 点 $a, b\,(a<b)$ において

$$f(a)<0 \quad \text{かつ} \quad f(b)>0 \tag{2.13}$$

が成立するとき，$f(x)=0$ の解は区間 $[a, b]$ の間に必ず存在する（中間値の定理）．そこで，区間 $[a, b]$ の中点 $c=(a+b)/2$ における関数値 $f(c)$ の符号を調べて，その結果によって，次のように a あるいは b の一方を更新する．

$$\left.\begin{array}{l} f(c)>0 \quad \text{ならば} \quad b \leftarrow c \\ f(c)<0 \quad \text{ならば} \quad a \leftarrow c \end{array}\right\} \tag{2.14}$$

このような操作を繰り返せば，$f(x)=0$ の解は常に区間 $[a, b]$ の間に存在することになる（**図 2.7**）．あらかじめ，適切な収束条件 $\varepsilon\,(|f(c)|<\varepsilon)$，あるいは反復計算回数の上限を定めておけば，確実に近似解を得ることができる．

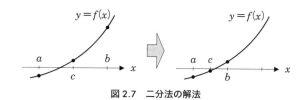

図 2.7 二分法の解法

ニュートン法では接線を求める必要がある．いま，関数 $f(x)$ が x の連続関数であるとき，$f(x)=0$ の厳密解 α に十分近い値 x_0 を選んで，点 $(x_0, f(x_0))$ で接線を引いてみよう．この接線と x 軸との交点の値 x_1 は，x_0 よりも厳密解 α に近づく（**図 2.8**）．接線の方程式は

$$y-f(x_0)=f'(x_0)(x-x_0) \tag{2.15}$$

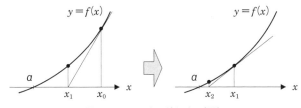

図 2.8 ニュートン法による解法

であることから，x_1 は次式のように表される．

$$x_1 = x_0 - \frac{f(x_0)}{f'(x_0)} \tag{2.16}$$

次に，点 $(x_1, f(x_1))$ で接線を引いて，x 軸との交点の値 x_2 を求めると

$$x_2 = x_1 - \frac{f(x_1)}{f'(x_1)} \tag{2.17}$$

となり，この値は x_1 よりもさらに厳密解 a に近づく．これを繰り返すことで，より精度の高い近似解が得られる．

二分法が，確実に収束するものの収束が遅い解法であるのに対して，ニュートン法は，初期値の与え方によっては収束しない場合があるものの，収束が非常に早い，という特徴がある．

2.5.3 定積分の数値計算

関数 $f(x)$ を区間 $[a, b]$ において定積分した値 $\int_a^b f(x)dx$ は，関数 $f(x)$ と x 軸，および $x=a, x=b$ の 2 直線で囲まれた面積と同じである（**図 2.9 左**）．数値積分の考え方は，区間 $[a, b]$ を微小区間に細分化したうえで，もとの複雑な関数を単純な関数で近似して合計の面積，すなわち定積分値を求めるというものである．代表的な手法は，関数の近似に直線を使う**台形法**と，二次式を使う**シンプソン法**であるが，ここでは台形法について計算の手順を見てみよう．

関数 $y=f(x)$ の区間 $[a, b]$ を n 等分すると，図 2.9 右のようになる．ここで区間幅 h は次式で得られる．

$$h = \frac{b-a}{n} \tag{2.18}$$

それぞれの区間の形状が台形であるとみなせば，区間 $[x_0, x_1]$ の定積分値は同区間に該当する台形の面積で，次のように近似することができる．

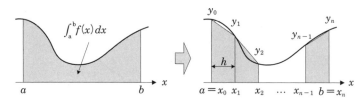

図 2.9 台形法による定積分の数値計算

$$\int_{x_0}^{x_1} f(x)dx \cong \frac{h}{2}(y_0 + y_1) \tag{2.19}$$

このことから，区間 $[a, b]$ の定積分値は，n 個の台形の面積総和として，次のように近似することができる．

$$\int_a^b f(x)dx \cong \frac{h}{2}(y_0 + y_1) + \frac{h}{2}(y_1 + y_2) + \cdots + \frac{h}{2}(y_{n-1} + y_n)$$
$$= \frac{h}{2}\{y_0 + 2(y_1 + y_2 + \cdots + y_{n-1}) + y_n\} \tag{2.20}$$

2.5.4 差分法による微分方程式の数値計算

微分方程式でモデルが表現されていれば，これを積分して一般式のモデルを導出することができる．しかし，どのような微分方程式でも積分ができるわけではなく，積分によって原始関数を求めることができない場合や，あるいは求めることが可能だとしても，非常に複雑な式になってしまう場合も多い．他方で，積分によって原始関数を求めなくても，漸化式で微分モデルを表現することができれば，数値計算によりモデルの挙動を明らかにすることができる．例えば，時間によって変化するモデルであれば，微少な時間刻み Δt ごとの時刻を考え，時刻 t の状態を時刻 $t-1$ 以下の状態で記述する．このような手法を**差分化**といい，差分化によって作成された漸化式を**差分方程式**という．

いま y が t の関数であるとすると，微分は式（2.10）から微小な Δt を用いて

$$\frac{dy}{dt} = \frac{y(t + \Delta t) - y(t)}{\Delta t}$$

と表すことができる．よって

$$y(t + \Delta t) = y(t) + \Delta t \frac{dy}{dt}$$

となる．したがって，$dy/dt = f(t)$ であれば，$y_{t+1} = y_t + \Delta t f(t)$ となる．

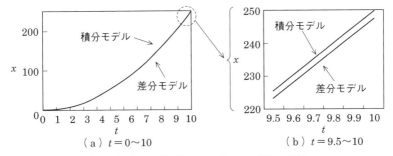

図 2.10　積分計算と差分方程式による計算値の比較

実際，式（2.11）の微分モデルを差分方程式で記述すると

$$v_t = v_{t-1} + \Delta t a, \quad x_t = x_{t-1} + \Delta t\, v_{t-1} \tag{2.21}$$

となる．図 2.10 は，式（2.11）の力学モデルの移動距離 x について，式（2.12）の積分によって解析的に得られた値と式（2.21）の差分方程式によって得られた値を比較したグラフである．ただし，$a=5$，$\Delta t=0.1$ とし，（a）は t が $[0, 10]$ の範囲，（b）は t が $[9.5, 10]$ の範囲である．

全体のスケールで描画しているグラフ（a）では両者の差はほとんど区別がつかないが，スケールを拡大したグラフ（b）では差分方程式の誤差が明らかとなっている．

ここで紹介した手法は**オイラー法**といい，比較的簡便な反面，やや精度が劣るという欠点があるが，これ以外にもより精度の高い**ルンゲ・クッタ法**などがある．さらに，多元，高階の微分方程式，偏微分方程式にも差分法は有効である．

ここで述べた微分と積分，差分は時間とともに変化するモデルに不可欠である．そこで，最後にこの 3 つの関係を簡単に再確認したい．

まず，モデルの作成にあたっては，最も単純な挙動を示す変化量を考える．一例として，ニュートン力学の自由落下を考えてみる．高い所から物を落とすと落ちる距離や速度は時間とともに変化するが，速度の変化量である加速度は時間に関係なく一定である．この落下のモデルを作成する場合，非線形に変化する距離の式をいきなり求めるのが非常に難しいことは容易に想像がつく．そこで一番単純な動きである加速度でモデル式を組み，これを積分して速度の式を得て，さらに速度の式を積分して距離の式を得る．

ただし，ここで問題なのは，自由落下のように加速度の式が簡単ではなく，最

も単純な挙動を示す変化量の微分式が積分できないくらいに複雑な場合である．あるいは，積分できたとしても，かなり複雑な式になってしまう場合もある．しかし，そのような場合であっても微分式を差分化して差分方程式を求めれば，時刻 t の挙動を時刻 $t-1$ 以前からの変化量として計算することが可能となる．このように，時間とともに変化する事象のシミュレーションでは，微分，積分，差分という概念が非常に重要となる．

2.6 確率と確率事象の表現

2.6.1 確　　率

確率は「同様に確からしい」事象を前提としている．したがって，確率を求める場合，対象とする事象の中で何が「同様に確からしい」のかを見極めることが重要である．

確率が求められたとしても，所詮，偶然に起こる事象は偶然にしか起こり得ない．しかしながら，この偶然に生じる事象について，おぼろげながらも「確率」という概念を導入して科学的な解明が試みられるようになったのは16世

表2.1　サイコロの和が9か10になる組合せ

(a) 和が9

	A	B	C
1	1	2	6
2	1	3	5
3	1	4	4
4	2	2	5
5	2	3	4
6	3	3	3

(b) 和が10

	A	B	C
1	1	3	6
2	1	4	5
3	2	2	6
4	2	3	5
5	2	4	4
6	3	3	4

紀に入ってからのことであった．当時，イタリアでは3個のサイコロを投げたときの和を当てる賭事があった．賭博師たちの間では，和が9か10になる数の組合せは同じなのに（**表2.1**），10に賭けたほうが分が良いことがよく知られていた．

ガリレイ（Galileo Galilei）は，この問題について，組合せの数で考えるべきではなく，**表2.2**で示すように，起こり得る場合の数を考えるべきであると考えた．つまり，表2.1で示したすべての組合せが「同様に確からしい」のではなく，表2.2で示したすべての可能性が「同様に確からしい」と説いた．実は，このことは，ガリレイよりも前にすでにカルダノ（Girolamo Cardano）によって明らかにされていたともいわれている．

この例の場合，三つのサイコロは，それぞれほかのサイコロとは独立に1～6までの目を出すので，その場合の数は $6 \times 6 \times 6 = 6^3 = 216$ 通りである．したがって，和が10になる確率のほうが $(27-25)/216 \fallingdotseq 0.009$ だけ大きい．

表 2.2 サイコロの和が 9 か 10 になる場合

(a) 和が 9

	A	B	C		A	B	C
1	1	2	6	16	3	5	1
2	1	3	5	17	4	1	4
3	1	4	4	18	4	2	3
4	1	5	3	19	4	3	4
5	1	6	2	20	4	4	1
6	2	1	6	21	5	1	3
7	2	2	5	22	5	2	2
8	2	3	4	23	5	3	1
9	2	4	3	24	6	1	2
10	2	5	2	25	6	2	1
11	2	6	1				
12	3	1	5				
13	3	2	4				
14	3	3	3				
15	3	4	2				

(b) 和が 10

	A	B	C		A	B	C
1	1	3	6	16	4	1	5
2	1	4	5	17	4	2	4
3	1	5	4	18	4	3	3
4	1	6	3	19	4	4	2
5	2	2	6	20	4	5	1
6	2	3	5	21	5	1	4
7	2	4	4	22	5	2	3
8	2	5	3	23	5	3	2
9	2	6	2	24	5	4	1
10	3	1	6	25	6	1	3
11	3	2	5	26	6	2	2
12	3	3	4	27	6	3	1
13	3	4	3				
14	3	5	2				
15	3	6	1				

このようにサイコロを n 回振るときの場合の数は 6^n であるが,これは 1〜6 の 6 枚のカードから 1 枚取り,取り出したカードをもとに戻してまた 1 枚取るという操作を n 回繰り返すことと同じである.これをさらに一般化すると,1〜n までの n 枚のカードから,カードを 1 枚取り出し,取り出したカードをもとに戻すという操作を r 回繰り返す場合の数であり,それは n^r となる.

一方,1〜6 までのカードで,取り出したカードをもとに戻さないで 3 回取り出して並べる場合,その並びの数は $6 \times 5 \times 4$ である.つまり第 1 回目には 6 通りの可能性があり,そのおのおのの場合について,第 2 回目には 5 通りの可能性,第 3 回目には 4 通りの可能性がある.これを**順列**といい,一般に,n 個のものから r 個を取り出して並べる場合の数は $_nP_r$ と記述し

$$_nP_r = \frac{n!}{(n-r)!}$$

である.ここで！は**階乗**といい,$n! = n \cdot (n-1) \cdot (n-2) \cdot \ldots \cdot 2 \cdot 1$ である.また,$0! = 1$ である.このように,順列は取り出した r 個の並びを意識し,r 個の組合せが同じであっても取り出した順番が異なれば,違う場合として数える.

これに対し，取り出した r 個が同じ組合せであれば，取り出す順番に関わりなく同じ場合の数として数えることを組合せという． n 個から r 個を取り出す組合せは ${}_nC_r$ と記述し

$$ {}_nC_r = \frac{{}_nP_r}{r!} = \frac{n!}{r!(n-r)!} $$

である．

順列と組合せの違いを表 2.1(a) と表 2.2(a) で説明すると，表 2.1(a) では，例えば，$(1,2,6)$ の組合せの数は 1 行目の一つだけである．これに対し，$(1,2,6)$ の順列は，表 2.2(a) で示しているように，1，5，6，11，24，25 行目の 6 通りがある．なお，P は permutation，C は combination の頭文字である．

2.6.2 シミュレーションでの確率表現

これまで述べてきた確率は，すべての事象の発生について
(1) 同様に確からしい
(2) 規則性はない
という二つの条件が満たされた場合の確率である．このような条件をシミュレーションで実現するために，通常は乱数が用いられる．乱数というと一つの数のような印象を受けるが，正確には**乱数列**であり，規則性のない数の並びである．また，「同様に確からしい」という条件を満たすためには，乱数列において，同じ数がほぼ同じ頻度で出現する必要がある．そのような乱数を**一様乱数**というが，この乱数列から各項を取り出して確率過程を表現する．

一方，コンピュータではハードウェアやソフトウェアに組み込まれた機構で乱数が発生され，通常は 0 以上 1 未満の小数で表現される．同じ数がほぼ同じ頻度で発生するため「同様に確からしい」という条件が満たされ，擬似的にではあるがランダムに発生するので「偶然」は保障される．具体的にコインの表と裏を表示する場合を考えると，システムが発生する乱数を R として，$0 \leq R < 0.5$ のときにコインの表，$0.5 \leq R < 1$ のときにコインの裏を描画すれば，1/2 の確率でコインの表と裏をランダムに表示することができる．同様に，出現の確率を恣意的に操作することも可能である．

なお，通常は，乱数の生成に際して，乱数シードを設定する．具体的な設定方法は，言語やアプリケーションによって異なるが，同じ乱数シードでは同じ乱数

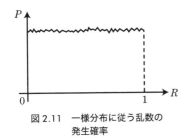
図 2.11 一様分布に従う乱数の発生確率

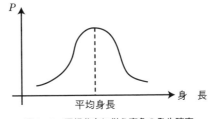
図 2.12 正規分布に従う事象の発生確率

列が得られるので,シミュレーションを再現することができる.また,a 以上,b 未満の乱数が必要な場合は,$a+(b-a)R$ によって乱数を求める.

さて,これまで述べてきた「同様に確からしい」現象は,図 2.11 のような一様分布に従う乱数によって表現することができる.このグラフは,横軸に事象としての乱数値をとり縦軸にその頻度ともいえる確率をとって,それぞれの乱数が生じる確率が等しいことを表現している.このような事象としては,コイントスやサイコロなどが典型的な例としてあげられる.

しかし,現実の世界で確率的に生じる現象を観察してみると,実はサイコロのような「同様に確からしい」現象は少なく,ほとんどの現象が偏った確率で生じている.例えば,同年齢の同性の学生の身長について,身長をいくつかに区分して人数を数えた度数分布表を作成し,各度数を全体の人数で割った割合でグラフにすると図 2.12 のようになる.

つまり,学生の割合(確率)は平均身長が最も高く,平均身長から離れるに従って,ほぼ左右対称に減少する.このようなつりがね状のグラフを**正規分布**というが,生物の統計にはよく現れる.これは,成長の過程で「同様に確からしい」現象が繰り返し生じた結果であるとも解釈できる.

いずれにしても,このような観点から確率現象を考えると「同様に確からしい」乱数のほかに,事象の発生分布に合わせた乱数の生成が必要になる.正規分布の場合,$0 \leq R < 1$ であれば,$R = 0.5$ が最も高い確率で発生し,R が 0 か 1 に近づくにつれて発生確率は 0 に向かって低くなるような乱数である.この正規分布に従う乱数を**正規乱数**ともいう.具体的な生成方法については 6 章「確率的モデルのシミュレーションと乱数」で述べるが,このように捉えると,乱数の意義としては「発生に規則性がない」という条件だけが残る.

2.7 アルゴリズムとフローチャート

2.7.1 情報処理におけるアルゴリズム

アルゴリズム（algorithm，算法）とは問題を解くためのものであって，明確に定義され，順序付けられた有限個の規則からなる集合をいう（JIS X 0001-01.05.05）．また，情報処理におけるアルゴリズムとは，与えられた入力から必要な出力を得るまでの手続きを，有限の処理や命令を組み合わせて明確に定義したものである．

同じ入力から同じ出力を得るためのアルゴリズムは一つとは限らないが，同じアルゴリズムに従えば，作業者や実行環境によらず同じ結果が得られる．

一般にアルゴリズムが満たすべき条件として，次の二つをあげることができる．

- 正当性と決定性：得られる出力は正当なものであることと，同じ入力に対しては同じ出力を返すことを意味する
- 有限性と停止性：手続きの数が有限であることと，停止する手続きが組み込まれていることを意味する

なお，アルゴリズムそのものの品質ではないが，**プログラムの品質**に関わるという点において良いアルゴリズムというものは，次のような性質を有するものである．

- わかりやすい：プログラムを再利用しやすい
- 高速である　　：プログラムを実行した際に短時間で結果が得られる
- 効率的である：プログラムを実行した際のメモリ消費が少ない

2.7.2 アルゴリズムを表現する方法としてのフローチャート

フローチャート（flowchart，流れ図）とは処理またはプログラムの設計または文書化のために処理過程，または問題の各段階の解法を図形表現したものであって，適切な注釈が付けられた幾何図形を用い，データおよび制御の流れを線で結んで示した図をいう（JIS X 0001-01.05.06）．

アルゴリズムは入力から出力に至る処理の流れ（手続き）を示したもので，本来的に汎用性が高く，どのようなプログラミング言語でもそれを実現することが可能なものである．そのような手続きは，順次構造／選択（分岐）構造／反復（繰返し）構造という三つの**基本制御構造**の組合せでほぼ実現することができる．

2.7 アルゴリズムとフローチャート

　これに対して，フローチャートはプログラミング言語を使わずにアルゴリズムを記述する方法として最も一般的なものであり，**表 2.3** に示す図形記号を用いて，**図 2.13** に示す三つの基本制御構造を表すことができる．

　ただし，フローチャートとは（特定の）記述形式によって描かれた「アルゴリズムの図形表現」であって，アルゴリズムそのものではない．同様に，プログラムというのは，（特定の）プログラミング言語で書かれた「アルゴリズムの作業指示書」であって，アルゴリズムそのものではない．

表 2.3　フローチャートの図形記号と役割

図形記号	記号名	役割
	端子	アルゴリズムの開始と終了を表す記号で，記号の中に「開始」または「終了」などと書き込む．
	処理	処理全般を表す記号で，記号の中に具体的な処理内容を書き込む．
	判断	条件式による選択を表す記号で，記号の中に判断条件を書き込む．
	ループ（開始）	反復構造の開始を表す記号で，前判定型の場合は記号の中に判定条件を書き込む．
	ループ（終了）	反復構造の終了を表す記号で，後判定型の場合は記号の中に判定条件を書き込む．
	流れ線	記号同士を結んで処理の流れを表す．基本は上から下への流れを表すが，水平方向や下から上に向かうときは矢印を使って流れの方向を明示する．

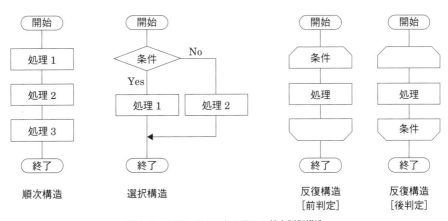

図 2.13　フローチャートの三つの基本制御構造

なお，アルゴリズムを表現する方法として，ほかに基本情報技術者試験で定義されているような疑似言語などもあげられるが，本書ではより抽象度が高いフローチャートを用いることとする．

2.7.3 フローチャートの具体的な記述例

フローチャートの具体的な記述例として，(a)**順次構造**，(b)**選択構造**，(C)**反復構造**について，例題とともに図 2.14 にそれらの記述例を示す．

（a）順次構造の例題
①　乱数 x（$0.0 \leq x < 1.0$，x は実数）を発生させる
②　x の値を，1～6 の整数値 N に変換する
③　N の値を出力する

（b）選択構造の例題
①　乱数 x（$0.0 \leq x < 1.0$，x は実数）を発生させる
②　x の値を，1～6 の整数値 N に変換する
③　N の値が 1 または 3 または 5 のとき，"奇数" と出力する

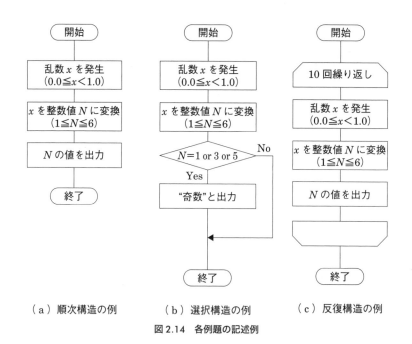

（a）順次構造の例　　（b）選択構造の例　　（c）反復構造の例

図 2.14　各例題の記述例

(c) 反復構造の例題

繰り返し開始（10 回）
① 乱数 x（$0.0 \leq x < 1.0$, x は実数）を発生させる
② x の値を，1〜6 の整数値 N に変換する
③ N の値を出力する
繰り返し終了

演習問題

2.1 式（2.9）が行列 A の逆行列であることを確かめよ．

2.2 二分法とニュートン法を用いて，$\sqrt{2}$ の近似値を求めよ．

2.3 二分法とニュートン法を用いて，$x + \log(x) = 0$ を解け．

2.4 台形法を用いて，関数 $f(x) = x^2$ の区間 $[1, 2]$ における定積分の近似値を求め，理論値と比較せよ．
 (1) $h = 0.1$ として近似値を計算せよ．
 (2) $h = 0.01$ として近似値を計算せよ．

2.5 $f'(t) = 4t + 5$ のとき，オイラー法を用いて $t = 2$ のときの f の値を求めよ．
ただし $\Delta t = 0.5$ として，$f(0) = 0$ である．
この微分方程式を解析的に解くと $f(t) = 2t^2 + 5t$ となる．$f(2)$ と比較せよ．
また，$\Delta t = 0.2$ の場合と比較せよ．

2.6 サッカーの審判員 W 氏は試合前のコイントスで，過去 10 試合に連続して表を出している．次回の試合で表を出す確率はどうなるか考えよ．

2.7 ポーカーで任意の数のフォーカード（同じ数が 4 枚）が出る確率を求めよ．
同じく，エースのフォーカードが出る確率を求めよ．
ただし，いずれもジョーカはないものとする．

2.8 0 以上 1 未満の乱数 R を用いて以下の規則でコインの表裏を出すとする．
このとき，表と裏の出る確率を求めよ．
 (1) $0 < R \leq 0.3$ か $0.4 < R \leq 0.7$ のときは表

(2) $0.7 < R \leqq 1$ のときは裏

2.9 身長の確率密度分布がなぜ正規分布に従うのか，考察せよ．また，身長以外に正規分布に従う現象を調べよ．

2.10 2.7 節のフローチャートの具体的な記述例に関し，以下を考察せよ．
(1) 順次構造の例題において，②の処理手順のフローチャートで記述せよ．
(2) 選択構造の例題において，N が 2 または 4 または 6 のとき，"偶数" と出力するよう，手順を追加せよ．
(3) 反復構造の例題において，③の代わりに，N を判定して "奇数" または "偶数" と出力し，繰り返し終了後，"奇数" と "偶数" の個数を出力するよう，手順を追加せよ．

3章
決定的モデルのシミュレーション

― 本章で学ぶこと
- 決定的モデルと確率的モデル／決定的モデルのシミュレーション力学モデルの考え方／物体の放物運動／空気抵抗のある放物運動
- 人口変動の要因とモデル化／環境に制限がない自然増減
- 環境に制限がある自然増減／捕食者と被捕食者の関係

3.1 決定的モデルとシミュレーション

3.1.1 決定的モデルと確率的モデル

1章で述べたように，シミュレーションモデルは**決定的モデル**（確定的モデル，決定論的モデルとも呼ばれる）と**確率的モデル**に分類することができる．

決定的モデルとは，偶然的な要素を含まない，確定的な現象として捉えられるモデルで，同じ条件を用いる限り，何度でも同じシミュレーション結果が再現され得る．一方，確率的モデルとは，偶然的な要素や不規則な変動などの不確定要素を含む現象として捉えられるモデルで，シミュレーション結果の再現性は保証されない．代表的な不確定要素としては，自己意識をもった人間の判断やぶれのある動作，気流や天候のような自然現象などがあげられる．

簡単な例として，ボールを投げてできるだけ遠くまで飛ばす問題をモデル化してみよう．空気抵抗を無視すれば，この問題を決定的モデルとして定式化して，最高到達点や落下地点までの距離を解析的に計算したり，最も遠くまで投げるための角度（＝最適解）を導くことは容易である．しかし，この問題を厳密に追及していくと，横風や空気抵抗の影響は無視できない．しかも横風は一定の方角・強さで吹くわけではないし，空気抵抗はボールの回転や材質，大気の温度や湿度などの影響を受ける．これらの要因をすべて数式で表現できたとしても，このモデルが極めて複雑な決定的モデルとなることは間違いない．

もう一つの例として，屋台でカキ氷を販売してできるだけ多くの利益をあげるという問題をモデル化してみよう．この問題は，カキ氷の単価と販売数量，仕入原価だけで定式化できるし，モデルから損益分岐点（損失も利益も発生しない販

売数量）を見いだすことも容易である．しかしながら，実際の販売数量はその日の天候や気温，屋台の立地や競争店の有無などによって影響を受ける．つまりこの問題では，供給側の定式化は比較的容易であるのに対して，需要側には多くの不確定要素があって，決定的モデルとして扱うことは困難であろう．

3.1.2　決定的モデルのシミュレーション

決定的モデルといっても単純な方程式で表されるモデルだけではなく，いろいろな種類がある．例えば力学モデルの一つ，**空気抵抗のある落下運動**をモデル化した運動方程式は次のような微分方程式になる．

$$m\frac{d^2y}{dt^2} = mg - kv \tag{3.1}$$

また，4章で紹介する**線形計画問題**は，一つの最大化（あるいは最小化）すべき目的関数と，制約条件を表す複数の線形等式で記述される連立方程式である．

$$\left.\begin{array}{l} 目的関数：\sum_{j=1}^{n} c_j x_j \rightarrow 最大化（あるいは最小化）\\ 制約条件：\sum_{j=1}^{n} a_{ij} x_j = b_i \quad (i=1,\cdots,m) \\ \qquad\qquad x_j \geq 0 \quad (j=1,\cdots,n) \end{array}\right\} \tag{3.2}$$

そして，5章で紹介する**均衡産出高モデル**は，次のような n 行×1列の行列 X を未知数とする行列方程式の形で表される．

$$X = AX + F_D + E - \overline{M}(AX + F_D) \tag{3.3}$$

決定的モデルの特徴は，それがどのような表現形式であっても数式で定式化されたものであれば，理論的には，解析的に解が得られることにある．このように単に解を求めるだけで良しとするのであれば，これをシミュレーションモデルということはできないだろう．

いずれのモデル（数式）を見ても，そこには定数項あるいは係数と呼ばれる複数のパラメータが存在する．そしてモデルの目的は，これらのパラメータを固定しておいて最適解を求めることにある．しかし，モデルのもう一つの意味は，パラメータを変更したときに，全く同じ手順で新たな最適解が得られることにある．ケースを設定してパラメータを変更し，ケースごとに最適解を求める作業は，まさにシミュレーション（模擬実験）であり，さまざまな判断や意思決定に大いに

資するものであるといえよう．

ところで，数式で定式化される決定的モデルであっても，実際に解析的な解が得られるとは限らない．自然科学，工学，社会科学などの諸分野において，理論的考察や実験的事実に基づいて構築される数学モデルは，一般に非線形性や複雑な境界条件などの要因から，解析的に数式を解くことが困難であることが多い．このように複雑な数学モデルに対しては，**数値シミュレーション**の手法が有効である．

3.2 力学モデル

3.2.1 力学モデルの考え方

身の回りで日常的に見られる物体の運動は，**ニュートンの運動の三法則**に従う．つまり，このような運動を力学モデルとして定式化するためには，運動の三法則の理解が不可欠である．

第1法則：慣性の法則

外力が加わらなければ，物体はその運動状態を維持する．つまり，外力を受けない質点は**等速度運動**を行う．

第2法則：運動の法則（ニュートンの運動方程式とも呼ばれる）

外力を受けた物体には，力に比例し質量に反比例する**加速度**が，力と同じ方向に生じる．

第3法則：作用・反作用の法則

物体Aが物体Bに力（**作用**）を及ぼすと，物体Bは物体Aに対して同じ大きさで逆向きの力（**反作用**）を及ぼす．

第2法則を数式表現したものが**運動方程式**である．いま，質量 m の物体に外力 F が働いているとき，加速度を a，速度を v，位置座標を x，時間を t と置くと，運動方程式は以下のように表すことができる（F, a, v, x はいずれも三次元以下のベクトル）．

$$F = ma = m\frac{dv}{dt} = m\frac{d^2x}{dt^2} \tag{3.4}$$

物体を真上に投げ上げる**落下運動**や，地面からの角度 θ で前方に投げる**放物運動**を考えると，運動中の物体に働く外力は重力 mg だけである（**図3.1**）．したがっ

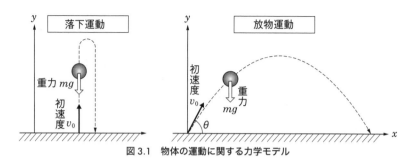

図 3.1　物体の運動に関する力学モデル

て，二つの運動方程式は，ともに次のように表すことができる．

$$m\boldsymbol{a} = -mg \tag{3.5}$$

二つの物体が衝突するときの運動をモデル化するためには，運動の三法則だけでは不可能で，**運動量保存の法則**と**エネルギー保存の法則**を適用する必要がある．

運動量保存の法則

ある系において，外部から力が加わらなければ，その系の運動量の総和は一定である．N 個の物体があり，i 番目の物体の質量を m_i，速度を v_i としたとき，この法則は次式で表される．

$$\sum_{i=1}^{N} m_i v_i = \text{Const.}（一定）\tag{3.6}$$

エネルギー保存の法則（力学的エネルギー保存の法則）

ある系において，その系の力学的エネルギー（運動エネルギーと位置エネルギー）の総和は一定である．N 個の物体があり，i 番目の物体の質量を m_i，速度を v_i，位置エネルギーを E_i としたとき，この法則は次式で表される．

$$\sum_{i=1}^{N} \left(\frac{1}{2} m_i v_i^2 + E_i \right) = \text{Const.}（一定）\tag{3.7}$$

例えば，二つの物体が衝突する問題を，運動量保存の法則を用いて定式化してみよう（**図 3.2**）．

$$m_1 v_1 + m_2 v_2 = m_1 v_1' + m_2 v_2' \tag{3.8}$$

ところで，衝突前の相対速度に対する衝突後の相対速度の比を**反発係数** e といい，次式で表される．

$$\text{反発係数 } e = \frac{v_1' - v_2'}{v_1 - v_2} \tag{3.9}$$

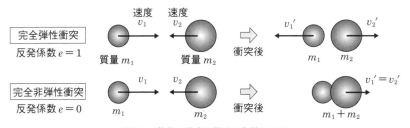

図 3.2　物体の衝突に関する力学モデル

ここで，**完全弾性衝突**の場合は $e=1$，**完全非弾性衝突**の場合は $e=0$ と置けばこの問題を解くことができる（なお，$0<e<1$ のときは**非弾性衝突**と呼ばれる）．

3.2.2　物体の放物運動

決定的モデルの典型的な例として，物体を投げたときの**放物運動**をモデル化してみよう．空気抵抗が全くなくて地表は完全な平面であるという想定のもとであれば，この運動は簡単な数学モデルとして定式化することができる．

質量 m の物体を，地面から θ の角度で投げる運動を考える場合，水平方向（x 方向）と垂直方向（y 方向）に分けて**運動方程式**を立てる必要がある．なお，角度 $\theta=90$ 度のとき水平方向の成分はゼロとなって，この問題は物体を垂直方向に投げ上げたときの**落下運動**を表すことになる（図 3.1）．

$$\left.\begin{aligned} ma_x &= 0 \\ ma_y &= -mg \end{aligned}\right\} \quad (a \text{ は物体の加速度，} g \text{ は重力加速度}) \tag{3.10}$$

ここで，垂直方向の高さを y，水平方向の距離を x，経過時間を t とすると，式 (3.10) は次のように書き換えることができる．

$$\left.\begin{aligned} m\frac{d^2 x}{dt^2} &= 0 \\ m\frac{d^2 y}{dt^2} &= -mg \end{aligned}\right\} \tag{3.11}$$

上式の両辺をそれぞれ m で割って，t で積分を行うと，経過時間 t における物体の速度を表す式が得られる．

$$\left.\begin{aligned} \frac{dx}{dt} &= C_1 \\ \frac{dy}{dt} &= -gt + C_2 \end{aligned}\right\} \quad (C_1 \text{ と } C_2 \text{ は積分定数}) \tag{3.12}$$

$t=0$ のときの速度（初速度）v_0 と角度 θ が与えられているので，式（3.12）は次のように書き換えられる．

$$\left.\begin{array}{l} \dfrac{dx}{dt}=v_0\cos\theta \\ \dfrac{dy}{dt}=-gt+v_0\sin\theta \end{array}\right\} \tag{3.13}$$

両辺をさらに t で積分し，$t=0$ のとき $x=0$ かつ $y=0$ であることを考慮すると，経過時間 t における物体の座標 (x, y) は次式のようになる．

$$x=v_0\cos\theta\cdot t \tag{3.14}$$

$$y=-\frac{1}{2}gt^2+v_0\sin\theta\cdot t \tag{3.15}$$

以上のとおり，放物運動を表す運動方程式を解析的に解くことができたわけである．これによって，初速度 v_0 と投げ上げる角度 θ さえ与えられれば，時間 t における物体の速度，および物体の位置は計算で求めることができる．

この結果を利用して，物体を最も遠くまで投げるための角度（＝最適解）を求めてみよう．まず式（3.15）より $y=0$ となる t を求めると，次のようになる．

$$t=0 \quad \text{または} \quad t=\frac{2v_0}{g}\sin\theta \tag{3.16}$$

二つ目の解を式（3.14）に代入すると，x 方向の到達距離が得られる．

$$x=\frac{2v_0^2}{g}\sin\theta\cos\theta=\frac{v_0^2}{g}\sin 2\theta \tag{3.17}$$

この値が最大になるのは $\sin 2\theta=1$ のとき，すなわち $\theta=45°$ のときであることがわかる．

3.2.3 空気抵抗のある放物運動

前項で定式化した**放物運動**では，空気抵抗や横風などの影響を無視しているが，現実にはそのようなことはあり得ない．そこで次に，空気抵抗を考慮に入れた運動をモデル化してみよう．

空気抵抗にはいくつかの種類があるが，空気抵抗力は速度の大きさと関係があり物体の運動を妨げる向きに生じる，というのが基本的な考え方である（**図 3.3**）．

最初に，速度に比例する**粘性抵抗**のみを考慮したモデルを考えてみよう．このモデルは，速度が非常に小さいときに成立するものである．このときの空気抵抗

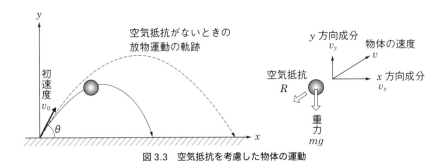

図 3.3 空気抵抗を考慮した物体の運動

係数（定数）を k と置くと，運動方程式は次のようになる．なお，$\tau = m/k$ を**緩和時間**といい，物体の運動が周囲の空気の運動になじむ時間を表す指標となる．

$$\left.\begin{array}{l} ma_x = -kv_x \\ ma_y = -mg - kv_y \end{array}\right\} \tag{3.18}$$

両辺を m で割って，加速度 a を速度の微分形で書くと，速度 v に関する1階微分方程式が得られる．

$$\left.\begin{array}{l} \dfrac{dv_x}{dt} = -\dfrac{k}{m}v_x \\ \dfrac{dv_y}{dt} = -\dfrac{k}{m}\left(v_y + \dfrac{mg}{k}\right) \end{array}\right\} \tag{3.19}$$

これをさらに，変数分離形の微分方程式に変形すると

$$\left.\begin{array}{l} \dfrac{1}{v_x}dv_x = -\dfrac{k}{m}dt \\ \dfrac{1}{(v_y + mg/k)}dv_y = -\dfrac{k}{m}dt \end{array}\right\} \tag{3.20}$$

となる．そこで，それぞれの両辺を積分すると次式が得られる．

$$\left.\begin{array}{l} \ln(v_x) = -\dfrac{k}{m}t + C_x \\ \ln\left(v_y + \dfrac{mg}{k}\right) = -\dfrac{k}{m}t + C_y \end{array}\right\} \tag{3.21}$$

これを指数表記に変換して整理すると，時刻 t における物体の速度を表す関数が得られる（積分定数 C_x と C_y の計算は省略）．

$$\left.\begin{array}{l} v_x = e^{C_x} \cdot e^{-\frac{k}{m}t} \\ v_y = e^{C_y} \cdot e^{-\frac{k}{m}t} - \dfrac{mg}{k} \end{array}\right\} \tag{3.22}$$

式(3.22)の速度を微分形に変形して($v_x=dx/dt$, $v_y=dy/dt$), t について解いていけば，時刻 t における物体の位置 (x, y) を表す関数を得ることができる．

次に，速度の2乗に比例する**慣性抵抗**のみを考慮したモデルを考えてみよう．実際には粘性抵抗と慣性抵抗，両方の力が物体の運動を妨げる向きに生じるのであるが，速度が十分に大きい場合には粘性抵抗を無視しても差し支えない．このときの空気抵抗係数（定数）を λ と置くと，運動方程式は次のようになる．

$$\left.\begin{array}{l} ma_x = -\lambda v|v_x| \\ ma_y = -mg - \lambda v|v_y| \end{array}\right\} \tag{3.23}$$

先の例と同じように，二つの式を変形していくと，速度 v_x および v_y に関する変数分離型の微分方程式が得られる．

$$\left.\begin{array}{ll} \dfrac{1}{v_x^2} dv_x = -\dfrac{\lambda}{m} dt & (v_x \geq 0,\ v_y = 0 \text{ のとき}) \\[2mm] \dfrac{1}{v_y^2 + mg/\lambda} dv_y = -\dfrac{\lambda}{m} dt & (v_y \geq 0,\ v_x = 0 \text{ のとき}) \end{array}\right\} \tag{3.24}$$

この微分方程式を，v_x あるいは x について解いていくことは比較的簡単であるが，v_y さらには y について解析的に解くためには高度な数学が必要となる．このように，運動方程式がやや複雑になっただけで，モデルを解析的に解くことは急に難しくなってしまう．比較的単純な物理的現象であっても，それを正確にモデル化してシミュレートすることが，いかに困難であるかがわかる．

3.3　人口変動モデル

3.3.1　人口変動の要因とモデル化

物理事象を対象とする力学モデルとは異なり，**人口変動モデル**は，生物的，社会的あるいは環境的要因を含むため，これを正確に定式化することはきわめて困難である．これを，生態系における，ある生物種の**個体数変動**の問題と考えても同じことがいえる．

居住地や食料などの環境に制限がない場合，生物の個体数（あるいは人口）は無限に増加することができる．しかし，実際の環境には制限があって，個体数が増えるにつれて生活空間や食料の不足，天敵との遭遇機会の増加などにより，個体数の増加は抑制されるようになる．

また，生態系では複数種の生物が，互いに影響を及ぼしあいながら生きている．最も単純な例は，2種の生物だけが存在し，一方がエサ（被捕食者），もう一方が天敵（捕食者）となる関係である．このような問題を2種生物間の**生存競争モデル**というが，実際の生態系には数多くの生物種が存在して，もっと複雑な関係を構成している．天敵の存在を考慮する必要のない人間という生物の存在は，自然界では特殊な例であるといえよう．

3.3.2　環境に制限がない自然増減

居住地や食料などの環境に制限がないものとして，人口変動モデルを定式化してみよう．ある時点における人口の増減要因は，出生や流入のように人口に比例して増加する要因と，死亡や流出のように人口に比例して減少する要因とに分けて考えることができる．

ある時刻 t における人口を $N(t)$ とすると，前者の要因は $\alpha N(t-1)$，後者の要因は $\beta N(t-1)$ となる（$\alpha, \beta > 0$）．したがって，このモデル（**図 3.4**）は次のような漸化式で表すことができる．

$$
\begin{aligned}
N(t) &= N(t-1) + \alpha N(t-1) \\
&\quad - \beta N(t-1) \\
&= (1+\alpha-\beta)N(t-1)
\end{aligned}
\tag{3.25}
$$

これを解くと，次式が得られる．

$$
N(t) = (1+\alpha-\beta)^t N(0) \tag{3.26}
$$

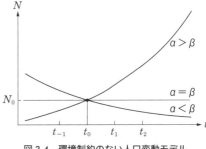

図 3.4　環境制約のない人口変動モデル

同じ問題を，別の方法で定式化してみよう．ある瞬間における人口の増減要因に着目すると，このモデルは次のような微分方程式で表すことができる．

$$
\frac{d}{dt}N(t) = (\alpha-\beta)N(t) \tag{3.27}
$$

これを変数分離型に変形して，初期条件を与えて解くと，次式が得られる（経過は省略）．

$$
N(t) = N(0) \cdot e^{(\alpha-\beta)t} \tag{3.28}
$$

式（3.26）と式（3.28）は，全く異なる数式のように見えるかもしれない．しか

し，前者は人口を 1 年ごとに（離散的に）求める数式であり，後者は人口を連続的に求める数式である．

日本の国勢調査人口を使って，年平均の人口増加率 $r(=\alpha-\beta)$ を二つの式に従って計算してみよう．

  2000 年 10 月 1 日：126 925 843 人

  1995 年 10 月 1 日：125 570 246 人

まず，式 (3.26) を r について解いたうえで人口データを代入すると，r の値は次のようになる．

$$r = \left(\frac{N(t)}{N(0)}\right)^{1/t} - 1$$
$$= \left(\frac{126925843}{125570246}\right)^{0.2} - 1 = 0.00214984 (= 0.214984\%) \tag{3.29}$$

次に，式 (3.28) を r について解いたうえで人口データを代入すると，r の値は次のようになり，両者の差はごくわずかであることがわかる．

$$r = \frac{1}{t} \ln\left(\frac{N(t)}{N(0)}\right)$$
$$= \frac{1}{5} \ln \frac{126925843}{125570246} = 0.00214753 (= 0.214753\%) \tag{3.30}$$

3.3.3 環境に制限がある自然増減

次に，何らかの要因で環境に制限がある場合の，人口変動モデルを定式化してみよう．一般に，閉じられた空間の中では，個体群の密度が増加するに従って，生活空間や食料の不足という**環境抵抗**が大きくなって成長が抑制され，個体群の成長は緩やかになっていく．このような現象を**密度効果**といい，環境抵抗の大きさは個体数に比例して大きくなる．

密度効果を考慮した個体数のモデルとしては，**ロジスティックモデル**が有名である．個体数を N，個体数の増加速度を r（定数），環境抵抗を h と置くと，このモデルは次のような微分方程式で与えられる．

$$\frac{dN}{dt} = (r - hN)N = rN\left(1 - \frac{h}{r}N\right) \tag{3.31}$$

これを変数分離型に変形すると

$$\left(\frac{1}{N} - \frac{-h/r}{1-(h/r)N}\right)dN = r\,dt \tag{3.32}$$

となり,両辺を積分して整理すると次のようになる.

$$\ln\left(1-\frac{h}{r}N\right)-\ln(N)=-rt+C \quad (C\text{は積分定数}) \tag{3.33}$$

両辺を指数化して,$K=r/h$ と置くと

$$N=\frac{K}{1+e^c\cdot e^{-rt}} \tag{3.34}$$

となり,初期条件($t=0$ のとき $N=N_0$)を当てはめると,次式が得られる.

$$N(t)=\frac{K}{1+(K/N_0-1)\cdot e^{-rt}} \tag{3.35}$$

この式をグラフ化したものが**ロジスティック曲線**で,個体総数 $N(t)$ は一定値 K に漸近することがわかる(図3.5).K はその環境条件下で維持できる個体総数の上限を示すもので,**環境収容力**あるいは**環境容量**と呼ばれる.

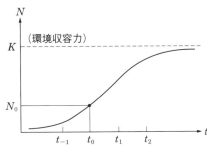

図3.5 環境制約のある人口変動モデル

3.3.4 捕食者と被捕食者の関係

実際の生態系では,数多くの生物種が存在し,互いに影響を及ぼしあいながら生きている.ここでは最も単純な例として,2種の生物だけが存在し,一方がエサ(被捕食者),もう一方が天敵(捕食者)となる状況,すなわち2種生物間の**生存競争モデル**を考えてみよう.この問題を3種生物間,5種生物間…と拡張していけば,一般的な多種生物間生存競争モデルへと発展させることができる.

生存競争モデルの基本的な考え方は次のようなものである.エサが豊富であれば天敵も増える.天敵が増えてエサが減ると,天敵も減る.天敵が減るとエサが増える.つまり,エサと天敵の個体数の増減には,周期性が現れることになる.ロトカ(A. J. Lotka)とボルテラ(V. Volterra)は,このような生存競争の関係を,次のような連立微分方程式でモデル化した(**ロトカ・ボルテラ(Lotka-Volterra)方程式**).

$$\frac{dP}{dt}=aP-bPQ \tag{3.36}$$

$$\frac{dQ}{dt} = -cQ + dPQ \tag{3.37}$$

ここで，P はエサの個体数，Q は天敵の個体数，a, b, c, d はそれぞれ正の定数である．式（3.36）はエサの個体数 P の変化率を表しており，天敵がいなければ係数 a に従って指数的に増加し，天敵と遭遇すれば一定の割合 b で減少することを意味している．また，式（3.37）は天敵の個体数 Q の変化率を表しており，エサがいなければ係数 c に従って指数的に減少し，エサと遭遇すれば一定の割合 d で増加することを意味している．

上式のような非線形の連立微分方程式を解くことは極めて困難なので，ここでは解の特性を調べてみよう．そのために，両式を次のように変形する．

$$\frac{dP}{dt} = bP\left(\frac{a}{b} - Q\right) \tag{3.38}$$

$$\frac{dQ}{dt} = dQ\left(P - \frac{c}{d}\right) \tag{3.39}$$

式（3.38）は，$Q > a/b$ のとき $dP/dt < 0$ が成立し，$Q < a/b$ のとき $dP/dt > 0$ が成立することを表している．つまり天敵 Q が a/b よりも多ければエサ P が減少し，天敵 Q が a/b よりも少なければエサ P が増えるということである．同様に式（3.39）は，エサ P が c/d よりも多ければ天敵 Q は増加し，エサ P が c/d よりも少なければ天敵 Q は減ることを意味している．

以上の特性を整理すると，エサの個体数と天敵の個体数は，位相のずれを伴って周期的に増減することがわかる（**図 3.6**）．

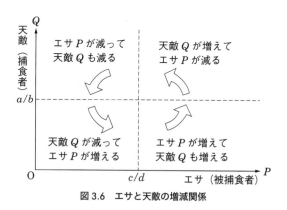

図3.6 エサと天敵の増減関係

演習問題

3.1 仰角 15 度，初速度 144 km/h でボールを前方に投げたとき，その到達距離は何 m になるかを求めよ．ただし，重力加速度 $g=9.8 \text{m/s}^2$ で，空気抵抗はないものとする．

同じ条件で，仰角 30 度，45 度，60 度の場合についても，それぞれの到達距離を求めよ．

3.2 式 (3.22) における積分定数 C_x と C_y の値を計算せよ．ただし，物体の初速度は v_0，水平面に対する角度を θ とする．

次に，式 (3.22) を t に関する微分方程式に変形して解け．

3.3 式 (3.23) より，垂直上方への投上げ〜落下運動においては，初期条件とは関係なく，一定の落下速度（これを終端速度という）になることを説明せよ．

3.4 式 (3.24) を，$v_x \geqq 0$ かつ $v_y=0$ の場合に限定して，v_x および x について解け．

3.5 1990 年と 2000 年における日本の人口を調べて，その間の年平均増加率を求めよ．次に，その増加率を使って，2050 年における日本の人口を推計せよ．

3.6 1990 年と 2000 年における世界の人口を大陸別に集計して，それぞれの年平均増加率を求めよ．次に，その増加率を使って，2050 年における大陸別の人口を推計せよ．

3.7 式 (3.35) において，$N_0=0.5K$，$r=0.1$（1 年当たり）という条件は，どのような状況を意味するか考えよ．

次に，これを初期状態として，$N(t)>0.9K$ となる t は何年後であるかを計算せよ．さらに，$N(t)>0.99K$ となる t は何年後であるかを計算せよ．

4章
経営モデルのシミュレーション

― 本章で学ぶこと
― 経営学とシミュレーション
― 損益分岐点／不比例的可変費用を考慮した分析
― 最適化問題と数理計画法／線形計画問題の定式化／線形計画問題のグラフ解法
― シンプレックス解法／線形計画問題の標準形と基底解／θシンプレックス表による解法の手順
― θ整数計画問題／非線形計画問題

4.1 経営学とシミュレーション

　経済学が国民経済を総括的に扱うのに対して，経営学は国民経済を構成する経済単位の一つである企業＝生産者の行動を対象とするものである．

　では，企業が行う生産者行動とその目的を見てみよう．企業が生産を行うためには，労働・資本・原材料などの投入物を市場から調達しなければならず，これには費用を要する．一方，それらの投入物によって生産された産出物を，市場で販売することによって，企業は売上収入を得る．この売上収入と生産費用との差が利潤であり，これが生産者としての企業の行動目的である．

　合理的な企業は，極大利潤を求めて最適化行動をとる．ある生産技術があるとき，生産量を X，費用を C とすると，その費用構造は次式のような**費用関数**として表される．

$$C = K + aX + V(X) \tag{4.1}$$

ここで，K は固定費用，aX は比例的可変費用，$V(X)$ は不比例的可変費用．

　一方，生産者にとっての収入 R は，価格を p とすると

$$R = pX \tag{4.2}$$

となる．したがって利益 $\pi = R - C$ は生産量 X の関数として扱われ，企業の最適化行動が数学的モデルとして導出されることがわかる．

　以上は企業側の事情だけを考慮したマーケティングの考え方であり，実際には企業が計画した生産量がそのまま販売に結びつくわけではない．そこには企業の営業戦略に関わる要因，そしてもう一つの経済単位である消費者の選考，すなわち消費行動などの要因などが考慮されなければならない．

4.2 損益分岐点の分析

4.2.1 損益分岐点

損益分岐点とは，総収入（売上高）と総費用が等しくなって損益がちょうど0になる生産量（販売数），あるいはそのときの売上高のことである．一般に，生産量が損益分岐点を上回れば利益が発生し，反対に損益分岐点を下回れば損失が発生する．

損益分岐点を求めるためには，総費用を**固定費**と**変動費**に分けて考える必要がある．固定費とは，売上高や販売数の増減に関係なく発生する一定の費用のことであり，正社員の人件費をはじめとして，広告宣伝費，賃貸料，支払利息などがこれにあたる．一方，変動費は売上高や販売数の増減によって変動する費用のことで，原材料費，仕入原価，支払運賃，歩合制賃金などがある．

図 4.1 は生産量を X としたときの費用関数を表したものである．ここで，生産量 X に対応する収入（売上高）に占める変動費の割合を**変動費率**（＝変動費÷売上高）という．

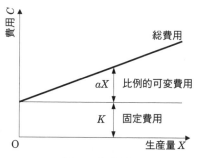

図 4.1 費用関数

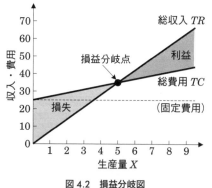

図 4.2 損益分岐図

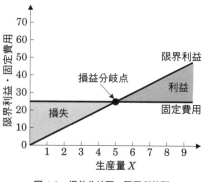

図 4.3 損益分岐図：限界利益型

図 4.2 は，関数 $TR=7X$ で規定される総収入と，関数 $TC=25+2X$ で規定される総費用とを重ね合わせた損益分岐図である．損益分岐点は二つの直線の交点として求められることから，$TR=TC$ を解いて，生産量 $X=5$，総収入 $TR=35$ が損益分岐点となることがわかる．

損益分岐図のもう一つの表し方は，図 4.3 のように縦軸に**限界利益**と固定費を示すものである．限界利益とは総収入（売上高）と変動費との差のことで，限界利益から固定費を引いたものが利益となる．

限界利益が関数 $5X$，固定費が定数 25 で規定される場合を考えてみよう．損益分岐点は二つの直線の交点として求められることから，$5X=25$ を解いて，生産量 $X=5$ が損益分岐点となることがわかる．

なお，限界利益を収入で割った値を**限界利益率**といい，収入が 1 単位増えたときに利益がどれだけ増えるかを表す．

4.2.2 不比例的可変費用を考慮した分析

一般に，総収入，費用および損益の各関係が，すべて生産量 X の線形関数で表されることはまれである．図 4.4 は，変動費が，生産量 X に比例する**比例的可変費用**と，非線形（曲線）で表される**不比例的可変費用**とで構成される例を示している．この場合，費用関数は次式で表される．

$$TC = K + aX + V(X) \tag{4.3}$$

この総費用曲線 TC に総収入直線 TR を重ね合わせたものが図 4.5 である．図から明らかなように，TC と TR_0 の接点 b_0 が損益分岐点を表しており，このとき

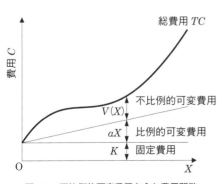

図 4.4　不比例的可変費用を含む費用関数

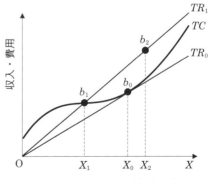

図 4.5　損益分岐点と利益の極大化

の生産量は X_0 となる.

ところで，総収入直線は $TR = pX$（p は製品の単価）で与えられ，p は直線の傾きに当たる．つまり製品の単価が TR_0 の傾き p_0 よりも小さい場合，どのように生産しても利益を得られないことがわかる．逆に製品の単価が p_0 よりも大きい場合は，利益を生みながら生産できることは保証される．例えば，単価を $p_1(>p_0)$ としたときの総収入直線 TR_1 を考えると，損益分岐点は b_1 であり，X_1 以上の生産を行えば利益が得られることがわかる．

次に，この利益を極大化するような生産量を求めるために，利益を次式で表すこととする．

$$\pi = pX - C(X) \tag{4.4}$$

利益が極大になるための一つ目の条件は，式 (4.4) の X に関する導関数が 0 に等しくなること，すなわち

$$\frac{d\pi}{dX} = p - C'(X) = 0 \tag{4.5}$$

である．利益が極大になるためのもう一つの条件は，式 (4.4) の X に関する二次導関数が負値になること，すなわち

$$\frac{d^2\pi}{dX^2} = -\frac{dC'(X)}{dX} < 0 \tag{4.6}$$

である．

式 (4.5) は，利益極大点では費用関数 $C(X)$ の傾きが価格 p に等しくなることを示している．換言すると，利益極大点では限界費用 $C'(X)$ が価格 p に等しい，さらに言えば限界費用と限界収入が等しいことを示している．また式 (4.6) は，利益極大点では費用関数が下に凸の状態であることを示している．以上のことから，図 4.5 の点 b_2 が，利益極大点であることがわかる．

4.3　線形計画法

4.3.1　最適化問題と数理計画法

最適化問題とは，一定の資源制約（原材料，資本，労働，時間など）のもとで，利益を最大にするとか費用を最小にするといった目的を達成するために，資源の最適配分を求める問題のことである．そして，このような最適化問題を数学的に

解く手法が**数理計画法**である．

数理計画法を最適化問題に正しく適用するためには，まず対象を正確に**定式化**（モデル化）することから始めなければならない．一般に，決定変数（資源）の組合せを x で表すと，最適化問題は次のように定式化される．

$$\left.\begin{array}{ll}\text{目的関数} & f(x) \to \max \ (\text{または}\ f(x) \to \min) \\ \text{制約条件} & x \in S\end{array}\right\} \quad (4.7)$$

ここで，S を**実行可能領域**，制約条件式を満たす x を**実行可能解**という．

図 4.6 は，このような問題を単純化して模式図で表したものである．一定の**制約条件**のもとで，**目的関数** $f(x)$ を最大化する可能解 x^* が求めるべき**最適解**である．

最適化問題において，目的関数と制約条件がともに線形式で定式化できる場合を**線形計画問題**，どちらかに非線形式が含まれる場合を**非線形**

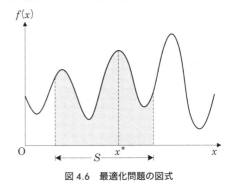

図 4.6　最適化問題の図式

計画問題という．また，決定変数が整数値に限られる（つまり，可能領域が離散的になる）場合は，**整数計画問題**と呼ばれる．

4.3.2　線形計画問題の定式化

複数の製品を生産している企業が，原材料・資本・賃金などの生産資源に関する一定の制約条件のもとで，最大利益をあげるにはどの製品をどれだけ生産すべきかを考えてみよう．これは一般に**生産計画問題**，あるいは**資源配分問題**と呼ばれるものである．簡単な例をあげて，定式化の手順を見てみよう．

ある会社では製品 A および B を生産しており，どちらも原料 p および q を必要とする．各製品 1 単位を生産するために必要となる各原料の数量，および現在の在庫量は**表 4.1** のとおりである．なお，製品 1 単位当たりの利益は，A が 1 万円，B が 2 万円とする．

製品 A の生産単位を x，製品 B の生産単位を y とすると，この問題は次のように定式化できる．

表 4.1 生産計画の制約条件

原料	製品Aに必要な量	製品Bに必要な量	在庫量
p	2	1	17
q	1	3	21

$$\left.\begin{array}{l}\text{目的関数}:z=x+2y \quad (z\text{の値を最大にする}x\text{と}y\text{を求める})\\ \text{制約条件}:2x+y\leq 17 \quad (\text{原料 p の在庫量には制約がある})\\ \qquad\qquad x+3y\leq 21 \quad (\text{原料 q の在庫量には制約がある})\\ \qquad\qquad x, y\geq 0 \quad (\text{生産量}x, y\text{は非負である})\end{array}\right\} \quad (4.8)$$

生産計画問題を解く主たる目的は，制約条件のもとで利益を最大にする生産計画を立てることにあるが，それだけではない．使い切る資源と未使用で残る資源を発見することによって，より大きな利益を得るための資源供給計画あるいは増産計画の判断に役立てることも可能である．

4.3.3　線形計画問題のグラフ解法

決定変数が 2 変数の線形計画問題は，グラフで解くことができる．前項の式 (4.8) では x と y の二つが決定変数であり，x-y 座標上にグラフを描くことで，最適解 z^* を求めることができる．以下，**グラフ解法**の手順を見てみよう．

まず，制約条件を満たす解の領域＝**実行可能解集合**を図示する．式 (4.8) には四つの制約条件があり，これらすべてを満たす (x, y) の集合は，**図 4.7** の網目領域で表される．

次に，目的関数の値 z を 0 から徐々に大きくしながら平行移動して，目的関数の直線と実行可能解集合とが交わる範囲において，z が最大となる点を見つける．その点の座標 (x^*, y^*) と z の値 z^* が，求める最適解である（**図 4.8**）．

この例では，原料 p と原料 q の制約条件を等式に置き換えて，二つの連立方程式を解くことで最適解 $(x^*, y^*)=(6, 5)$ が得られる．

$$\left.\begin{array}{l}2x+y=17\\ x+3y=21\end{array}\right\} \quad (4.9)$$

つまり，最適生産計画は，製品 A を 6 単位，製品 B を 5 単位生産することであり，最大利益 16 万円を得ることができる．なお，このとき原料 p および原料 q はともに使い切っており，在庫量は 0 になる．

ところで，線形計画問題のグラフ解法は，決定変数が 2 変数である限り有効で

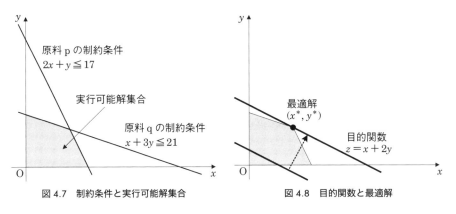

図 4.7 制約条件と実行可能解集合　　図 4.8 目的関数と最適解

表 4.2　生産計画の制約条件

原　料	製品 A に必要な量	製品 B に必要な量	在庫量
p	2	1	17
q	1	3	21
労働力	3	4	33

ある．先の例題に対して，もう一つの条件として労働力の制約が追加される場合を考えてみよう．その他の制約条件および製品 1 単位当たりの利益は，同じものとする（**表 4.2**）．

制約条件を満たす解の領域を図示し，目的関数の値 z を 0 から徐々に大きくしていく．目的関数の直線と実行可能解集合とが交わる範囲において，z が最大となる点を見つける，と

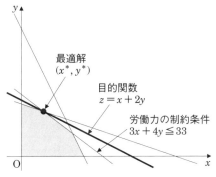

図 4.9　制約条件「労働力」を加えた場合の最適解

いう手順は全く同じである（**図 4.9**）．新たに労働力という制約条件が加わったことで，最適解となる生産水準は先の例よりも低下する．また，このとき原料 p の一部は未使用で残ることがわかる．

4.4 線形計画問題のシンプレックス解法

4.4.1 シンプレックス解法

グラフ解法で解くことのできない線形計画問題に対しては，**シンプレックス解法**が有効である．

いま，次のような線形計画問題を考えてみよう．

$$\left.\begin{array}{l} 目的関数：z=3x+4y \rightarrow 最大化 \\ 制約条件：x+2y \leq 6 \\ \qquad\qquad 2x+y \leq 2 \\ \qquad\qquad x+4y \leq 4 \\ \qquad\qquad x, y \geq 0 \quad (非負制約) \end{array}\right\} \quad (4.10)$$

式（4.10）をグラフ化した図 4.10 からもわかるように，2 変数の線形計画問題の実行可能解集合は凸多角形となる．一方，目的関数は傾きが一定の直線であるため，この問題の最適解は，必ずこの凸多角形の端点のうちの一つである．

この性質は，一般に n 変数の線形計画問題についても成り立つことがわかっている．つまり，線形計画問題の実行可能解集合は凸多面体（＝**シンプレックス**，2 変数の場合は凸多角形）を形成し，最適解は必ずこの凸多面体の**端点**（頂点）の中に存在する．シンプレックス解法とは，有限個の端点を順に移動しながら最適解を探し出す手法である．

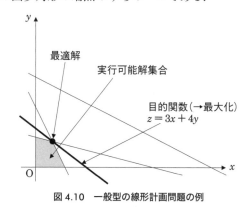

図 4.10　一般型の線形計画問題の例

4.4.2 線形計画問題の標準形と基底解

線形計画問題は最大化（あるいは最小化）すべき一つの目的関数と，複数の線形不等式または線形等式で表される制約条件で記述される．しかしながら，このままでは一つの問題に対してさまざまな表現が可能となり，不都合が生じるため，次のような**標準形**と呼ばれる表現形式に統一する必要がある．

4.4 線形計画問題のシンプレックス解法

$$\left.\begin{array}{l}\text{目的関数：}\sum_{j=1}^{n}c_jx_j \quad \rightarrow \text{最大化（あるいは最小化）}\\ \text{制約条件：}\sum_{j=1}^{n}a_{ij}x_j=b_i \quad (i=1,\cdots,m)\\ \qquad\qquad x_j\geq 0 \quad (j=1,\cdots,n)\end{array}\right\} \quad (4.11)$$

式（4.11）は，① 最大化（あるいは最小化）すべき目的関数が与えられ，② すべての制約条件は等式で表され，③ すべての変数は非負である，ことを意味する．

一般形の線形計画問題を標準形に変換する場合，**スラック変数**と呼ばれる新たな非負変数 s_i を導入して，制約条件の不等式を等式に書き換えることができる．

$$\sum_{j=1}^{n}a_{ij}x_j\leq b_i \quad \rightarrow \quad \sum_{j=1}^{n}a_{ij}x_j+s_i=b_i \tag{4.12}$$

$$\sum_{j=1}^{n}a_{ij}x_j\geq b_i \quad \rightarrow \quad \sum_{j=1}^{n}a_{ij}x_j-s_i=b_i \tag{4.13}$$

なお，問題を定式化する際に非負制約のない変数 x_j が存在する場合は，新たに二つの非負変数 x'_j と x''_j を導入して次のように変換すればよい．

$$x_j \quad \rightarrow \quad x'_j-x''_j \tag{4.14}$$

以上の考え方に従って，式（4.10）に示した一般形の線形計画問題を変換すると，次のような標準形が得られる．

$$\left.\begin{array}{l}\text{目的関数：}3x_1+4x_2 \quad \rightarrow \text{最大化}\\ \text{制約条件：}x_1+2x_2+s_1=6\\ \qquad\qquad 2x_1+x_2+s_2=2\\ \qquad\qquad x_1+4x_2+s_3=4\\ \qquad\qquad x_1,x_2,s_1,s_2,s_3\geq 0 \text{（非負制約）}\end{array}\right\} \quad (4.15)$$

標準形の制約条件では，三つの方程式に対して五つの変数が存在する．したがって，任意の二つの変数値を 0 と置けば，残り三つの変数については一意解を得ることができる．このようにして得られた解を**基底解**，その中でも全変数について非負条件を満たすものを**実行可能基底解**という．なお，上で 0 と置いた変数は**非基底変数**，その他の変数は**基底変数**と呼ばれる．

基底解に関する重要な性質は，実行可能基底解は，線形計画問題の実行可能解集合を形成する凸多面体の端点（頂点）に一致する，ということである．つまり，シンプレックス解法では，有限個の実行可能基底解を順に当たりながら，目的関数の値を最小（あるいは最大）にする最適解を探し出せばよいことになる．

4.4.3 シンプレックス表による解法の手順

標準形で表現された線形計画問題は，**シンプレックス表**を用いることによって，機械的な計算手順で解くことができる．シンプレックス表とは，制約条件の等式を定数項のみが右辺にくるよう整理して，係数のみを書き出した表である．表の最下行には，目的関数を次のように書き換えた等式の係数を書き出す．

$$z - \sum_{j=1}^{n} c_j x_j = 0 \tag{4.16}$$

表 4.3 は，式 (4.15) の線形計画問題に対応するシンプレックス表である．これに基づいて，シンプレックス表による解法の手順を見てみよう．

表 4.3 制約条件式と目的関数から作成したシンプレックス表

基底変数	x_1	x_2	s_1	s_2	s_3	実行可能基底解
s_1	1	2	1	0	0	6
s_2	2	1	0	1	0	2
s_3	1	4	0	0	1	4
z	-3	-4	0	0	0	0

まず，**初期解**を求める必要がある．先述のように，三つの方程式に対して五つの変数が存在する場合，任意の二つの変数値を 0 と置けば，残り三つの変数については一意解（基底解）を得ることができる．そこで，まず s_1, s_2, s_3 を基底変数として（つまり，x_1 と x_2 を 0 と置いて）制約条件の等式を解くと，実行可能基底解 $(x_1, x_2, s_1, s_2, s_3) = (0, 0, 6, 2, 4)$ が得られる．この初期解は，シンプレックス表を作成した段階で，自動的に得られている．

こうして得られた解が最適解であるかどうかの判定は，非基底変数の列の最下行の値で行う．ここに負値があれば，この解は最適解でないことを意味しており，表 4.3 では $x_1 = -3$，$x_2 = -4$ より，最適解でないと判定される．

次に，負値の非基底変数の中から絶対値が最大である列（これを**ピボット列**という）を基底変数に取り入れ，その代わりに一つの基底変数を追い出す．追出しの手順は次のように行う．実行可能基底解の列の値を，新たに取り入れる基底変数の列の値で除して最小となる値を含む行（これを**ピボット行**という）を見つけ，この行にあたる基底変数を追い出せばよい．なお，ピボット列とピボット行の交点にある要素を，**ピボット要素**という．

ここでは，ピボット列は x_2，ピボット行は s_3 なので，s_3 を新たな基底変数 x_2

4.4 線形計画問題のシンプレックス解法

表 4.4 新たな基底変数の取入れ

基底変数	x_1	x_2	s_1	s_2	s_3	実行可能基底解
s_1	1	**2**	1	0	0	6
s_2	2	**1**	0	1	0	2
x_2	**1/4**	**1**	**0**	**0**	**1/4**	**1**
z	−3	−4	0	0	0	0

表 4.5 1 回目の掃出し計算で得られた端点

基底変数	x_1	x_2	s_1	s_2	s_3	実行可能基底解
s_1	1/2	**0**	1	0	−1/2	4
s_2	7/4	**0**	0	1	−1/4	1
x_2	**1/4**	**1**	**0**	**0**	**1/4**	**1**
z	−2	0	0	0	1	4

表 4.6 2 回目の掃出し計算で得られた端点

基底変数	**x_1**	x_2	s_1	s_2	s_3	実行可能基底解
s_1	**0**	0	1	−2/7	−3/7	26/7
x_1	**1**	**0**	**0**	**4/7**	**−1/7**	**4/7**
x_2	**0**	1	0	−1/7	2/7	6/7
z	**0**	0	0	8/7	5/7	36/7

で置き換え,その行の各要素をピボット要素 4 で除しておく(**表 4.4**,太字はピボット列およびピボット行,以下同じ).

各行の x_2 の係数が 0 になるように,ピボット行(ここでは x_2 の行)を適当に実数倍して各行に加えていく(これを**掃出し計算**という).

表 4.5 は掃出し計算後の表である.非基底変数 x_1 の最下行に負値があり,この解も最適解ではないので,次の端点を調べる必要がある.新たなピボット列を x_1,ピボット行を s_2 として,上と同じ手順を繰り返すと**表 4.6** を得る.

表 4.6 において,非基底変数の最下行に負値がないことから,この実行可能基底解 $(x_1, x_2, s_1, s_2, s_3) = (4/7, 6/7, 26/7, 0, 0)$ が最適解であり,目的関数の値(最小値)は 36/7 となる.

4.5 その他の数理計画法

4.5.1 整数計画問題

整数計画問題とは,線形計画問題において決定変数が整数であることを要求するものを指し,この種の問題に対する解法を**整数計画法**という.なお,すべての決定変数が整数の場合を**全整数計画問題**,一部の決定変数が整数の場合を**混合整数計画問題**,そして整数の値が 0 または 1 に限定される場合を **0-1 整数計画問題**という.例えば,整数値しかとり得ない製品の生産個数や,プロジェクト採択の可否(可を 1,否を 0 とする)を取り扱うような問題が,これに該当する.

次のような整数計画問題を考えてみよう.

$$\left.\begin{array}{l}目的関数:z = 3x + 4y \rightarrow 最大化 \\ 制約条件:2x + y \leq 6 \\ \qquad\qquad 2x + 6y \leq 15 \\ \qquad\qquad x, y \geq 0 \quad (非負制約) \\ \qquad\qquad x, y:整数 \quad (整数制約)\end{array}\right\} \quad (4.17)$$

この問題を,整数制約を考慮せずにグラフ解法を用いて解くと,実行可能解集合(図 **4.11** の網目部分)と目的関数(同図の太点線)の関係より,最適解は点 P であることがわかる.このとき,$x = 21/10$,$y = 9/5$,そして目的関数の値 z は $27/2$ で最大となる.

しかし,これらの解は整数制約を満たしていない.そこで,実行可能解集合から整数点だけを抽出し,これらを通過する目的関数の中で z が最大と

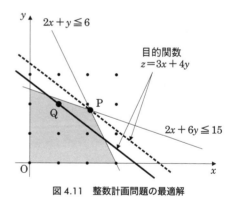

図 4.11 整数計画問題の最適解

なる点 Q を見つけることができる.つまり $x = 1$,$y = 2$ が,整数制約を考慮した最適解であり,目的関数の値 z は 11($< 27/2$)となる.

4.5.2 非線形計画問題

先述のように,目的関数と制約条件のいずれか,あるいは両方が線形ではない

数理計画問題が，**非線形計画問題**である．

線形計画問題であれば，決定変数がいくつに増えてもシンプレックス解法によって機械的に最適解を求めることができる．ところが，非線形計画問題になると取扱いは極めて難しくなり，目的関数や制約条件関数の微分可能性や凸性などの条件を考慮しなければ，実行可能解集合を得ることすら困難なことがある．この問題の一般的な解法を解説することは，本書の範囲を超えているのでここでは省略する．

ここでは最も単純な非線形計画問題の例として，決定変数が二つで制約条件は線形式，目的関数のみが非線形である場合を考えてみよう．

$$\left.\begin{array}{l}\text{目的関数}：z=xy \quad \rightarrow \quad \text{最大化} \\ \text{制約条件}：x+y \leqq 5 \\ \qquad\qquad x+3y \leqq 9 \\ \qquad\qquad x, y \geqq 0 \quad \text{（非負制約）}\end{array}\right\} \qquad (4.18)$$

この問題を，グラフ解法を用いて解くと，まず実行可能解集合は図 4.12 の網目部分で表される．次に目的関数は**双曲線**であるから，z の値を 1 から徐々に大きくしていけば，目的関数は原点 O から遠ざかっていくことがわかる．そして，目的関数と実行可能解集合とが交わる範囲において z が最大となる点，すなわち $z=6$ のとき，$x=3$, $y=2$ が最適解である．

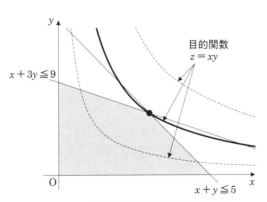

図 4.12　2 変数非線形計画問題の例と最適解

演習問題

4.1 販売単価 100 円の製品 A, B, C があり，損益計算書から算出した各項目の値は**表 4.7** のとおりである．

まず，図 4.2 にならって損益分岐図を描き，損益分岐点となる販売数量と売上高を求めよ．次に，それぞれの製品の限界利益率を計算し，図 4.3 にならって損益分岐図を描き，損益分岐点となる販売数量と売上高を求めよ．

表 4.7
(単位：千円)

	製品 A	製品 B	製品 C
売上高	10,000	10,000	10,000
変動費	8,000	7,000	6,000
固定費	1,000	2,000	3,000
利　益	1,000	1,000	1,000

4.2 ある製品の生産量 X に対して，不比例的可変費用を含む総費用曲線 TC と総収入直線 TR がそれぞれ次式で表されるとき，損益分岐点と利益極大点を求めよ．

$TC = 100 + 2X + V(X)$

　　ただし　$V(X) = 0.003X^3 - 0.36X^2 + 12.4X$

$TR = 8X$

次に，$TR = 10X$ としたときの，損益分岐点と利益極大点を求めよ．

4.3 式 (4.10) で表される線形計画問題をグラフ解法で解け．

4.4 式 (4.8) で表される線形計画問題をシンプレックス解法で解け．

4.5 式 (4.8) に，表 4.2 に示す「労働力」の制約条件を加えた線形計画問題を定式化し，シンプレックス解法で解け．

4.6 ある会社では製品 A と製品 B をつくっており，それらを生産するためには制約的生産資源として，電力 P，原料 Q，原料 R が必要である．各製品 1t を生産

表 4.8

	製品 A	製品 B	最大使用可能量
電力 P 〔kW·h〕	50	60	6 000
原料 Q 〔t〕	9	5	900
原料 R 〔t〕	3	8	600
利　益 〔万円/t〕	70	50	—

するのに必要な資源量と 1 日当たりの最大使用可能量，および各製品 1t 当たりの利益は**表 4.8** のとおりである．

製品 A の生産量を x，製品 B の生産量を y として，利益を最大にする生産計画問題を，以下の手順に従って解け．

(1) この問題を定式化せよ．
(2) 最適解をグラフ解法で求めよ．
(3) 最適解をシンプレックス解法で解き，(2)の解と一致することを確認せよ．
(4) 三つの生産資源のうち，使い切る（不足する）資源はどれか．また，その資源の最大使用可能量を 1 単位増やすと，利益はどれだけ増減するかを求めよ．
(5) 三つの生産資源のうち，未使用で残る資源はどれか．また，その資源の最大使用可能量を 1 単位減らすと，利益はどれだけ増減するかを求めよ．

5章
経済モデルのシミュレーション

- **本章で学ぶこと**
- 経済学とシミュレーション
- 市場メカニズム／需要表と需要曲線／供給表と供給曲線
- 需要と供給の均衡／需要・供給の移動による効果
- 産業連関表／投入係数／均衡産出高モデルとレオンチェフ逆行列／輸入の取扱い／生産誘発額と生産誘発係数
- 計量モデルの概要／方程式の種類／方程式の推定／計量モデルのテスト／シミュレーション

5.1 経済学とシミュレーション

経済学には実証科学としての側面がある．現実の経済現象を説明するために経済理論に基づいた仮説（＝モデル）をたて，いろいろな事象（＝変数）間の関係を定式化したものを，**数理経済モデル**（あるいは経済モデル）という．その中でも数量的計算が可能なモデルのことを，**計量経済モデル**（あるいは計量モデル）という．数理経済モデルが理論的に定式化されるのに対して，現実に観測されるデータをもとにして変数間の因果関係を定式化するのが計量経済モデルの特徴である．これによって，経済政策の評価や景気の将来予測を行うことが可能になる．

計量経済モデルにおける各変数間の関係は，数理経済モデルのように厳密なものではなく，確率的に成立するものと考えられている．例えば，消費関数を数理経済モデルで表すと

$$C = \alpha + \beta Y \tag{5.1}$$

となる．これに対して，同じ消費関数が計量経済モデルでは

$$C = \alpha + \beta Y + u \tag{5.2}$$

と表現される．この u が**誤差項**であり，理論やデータの不完全さに伴う誤差として処理されることになる．

ところで経済学の場合，自然科学分野で行われるような実験室での管理実験を行うことは不可能である．しかしながら，コンピュータシミュレーションの手法を用いることによって，モデルの中に含まれる政策的な変数の値を変えたり，モデルの構造を変更したりするなど，いろいろな実験を行うことが可能になる．

5.2 均衡価格の分析

5.2.1 市場メカニズム（需要と供給の原理）

市場とは，売り手と買い手が取引を行う場のことである．個人の消費行動を例にとれば，企業（売り手）が提供する商品やサービスを個人（買い手）が購入するところに，市場が生まれる．この場合，売り手の目的は少しでも多くの利潤を上げることであり，買い手の目的は少しでも多くの満足を得ることにある．なお，個人消費には衣食住のように日常生活における基本的な消費だけでなく，各個人の嗜好に基づく選択的な消費も含まれる．

市場でどの程度の取引が行われるかは，実物市場においては価格（金融市場においては金利）が重要な要因となる．商品やサービスの価格が上がれば需要が減少し，需要が減りすぎれば供給過剰となって，逆に価格は下がる．このように，価格を媒介にして需要と供給が柔軟に調整される仕組みのことを，**市場メカニズム**という．

5.2.2 需要表と需要曲線

ある時点において，ある商品の市場価格と需要量との間には，はっきりとした関係が存在する．このような関係を表で表したものを**需要表**，グラフで表したものを**需要曲線**という．表 5.1 と図 5.1 は，それぞれイチゴに関する仮想の需要表と需要曲線である．

需要曲線では縦軸に価格を，横軸に需要量をとり，曲線は左上から右下に向かっ

表 5.1 イチゴの需要表

	価格 P 〔千円/kg〕	需要量 Q 〔万 t/年〕
a	5	10
b	4	13
c	3	17
d	2	23
e	1	30

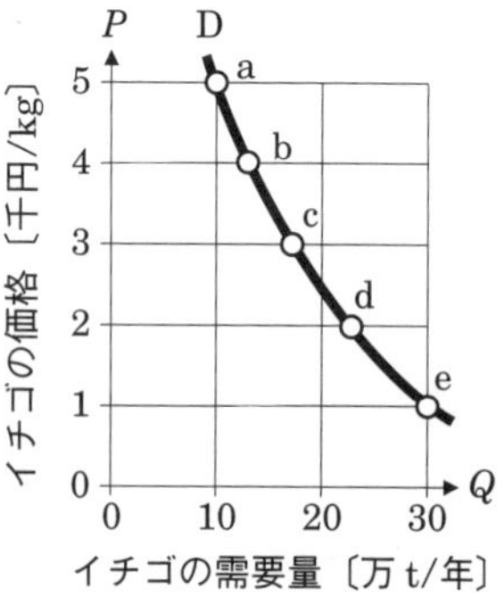

図 5.1 イチゴの需要曲線

て傾斜する．このような一般的傾向のことを**右下がり需要の法則**といい，価格の上昇とともに需要が減る傾向を示している．これには主として二つの理由が考えられる．一つは価格の上昇が消費者の実質所得を減らし，その商品に対する購買力つまり需要量が減るというもので，所得効果と呼ばれる．もう一つはイチゴとブルーベリーという同等の選択肢があるとき，イチゴの価格が上昇するとその購入を控えて，それに代わるブルーベリーの購入＝需要量が増えるというもので，代替効果と呼ばれる．

5.2.3 供給表と供給曲線

供給とは，企業が生産・販売を行おうとする商品の数量のことである．一般に他の諸事情が同じならば，供給しようとする商品の数量と市場価格との間には，はっきりとした関係があり，**供給表**あるいは**供給曲線**で表される．表 5.2 と図 5.2 は，それぞれイチゴに関する仮想的な供給表と供給曲線である．

表 5.2　イチゴの供給表

	価格 P 〔千円/kg〕	需要量 Q 〔万 t/年〕
a	5	27
b	4	23
c	3	17
d	2	10
e	1	0

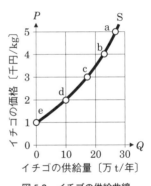

図 5.2　イチゴの供給曲線

供給曲線は左下から右上に向かって右上がりに傾斜し，需要曲線が右下がりであったのとは対照的である．これは二つの側面を示している．一つはイチゴの価格が安くなると生産者は他の果物の生産に切り替え，イチゴの価格が上昇すると他の果物の生産をイチゴの生産に転換する，という生産の代替である．もう一つは収穫逓減の法則に見られる，1 生産要素のみを増加しようとするとその単位当たり生産が逓減していくという事実である．つまり，イチゴの増産を続けようとすると，付加的生産を引き出すのに必要な価格は上昇するのである．

5.2.4 需要と供給の均衡

ここまで見てきたのは，消費者がどのように需要量を決定するのか，生産者がどのように生産量を決定するのかという，おのおののプロセスであった．

実際の市場では消費者＝需要者と生産者＝供給者が相対することになり，需要と供給の相互作用によって市場均衡が生まれる，すなわち**均衡価格**と**均衡数量**が決定される．イチゴの需要曲線と供給曲線を重ね合わせてみると，二つの曲線は一点 c において交差する．この交点 c が，均衡価格と均衡数量を成立させる均衡点であることがわかる（図 5.3）．

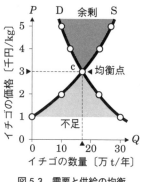

図 5.3 需要と供給の均衡

需要と供給がどのようにして市場均衡を決定するのか，簡単な実験をしてみよう．いまイチゴの価格が 5,000 円/kg とすれば，需要者が買おうと考える数量以上に供給者は売ろうと考えている．この差が余剰であり，それを売りさばくためにはイチゴの価格は下降線をたどることになる．一方，イチゴの価格が 2,000 円/kg の場合には，需要者が買おうと考える数量は供給者が売ろうと考える数量を超えている．この差が不足となり，需要者はイチゴを奪い合う形になって，その価格は上昇することになる．

5.2.5 需要・供給の移動による効果

現実の市場では経済的な諸事情が変化することによって，需要曲線や供給曲線

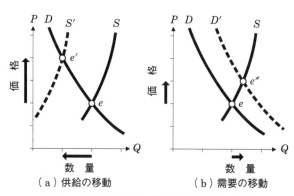

図 5.4 需要または供給の移動に伴う均衡点の移動

そのものが移動することがある．そのような場合に，均衡価格と均衡数量がどのように調整されるのかを見てみよう（**図 5.4**）．

農作物において悪天候や肥料高騰などの外的要因によって供給できる数量が減る場合を考えると，供給曲線は S から S' へ移動する．このとき均衡点は e' に移動し，均衡価格が上昇する一方で，均衡数量は減少する結果となる．

人口増や嗜好の変化などの外的要因によって需要が増える場合を考えると，需要曲線は D から D' へ移動する．このとき均衡点は e'' に移動し，均衡数量が増加するとともに均衡価格も上昇する結果となる．

5.3 産業連関分析

5.3.1 産業連関表

産業連関表とは，ある国（または地域）における 1 年間の財貨・サービスの流れを，産業間の取引に注目して，産出（販路構成）と投入（費用構成）の関係として一覧表形式で表したものである（**表 5.3**）．

例えば，1 行目の一次産業の数字を横（行）方向に読むと，一次産業の生産物が各部門に対していくらずつ販売されているかがわかる．産出の配分（需要部門）は，各産業部門への中間生産物として売られる中間需要と，消費・投資・輸出などの最終生産物として売られる最終需要の二つに大別される．そして両者の和が総生産に等しいことから，次の**需給バランス式**が成立する．

$$\left.\begin{array}{l} x_{11}+x_{12}+x_{13}+F_1=X_1 \\ x_{21}+x_{22}+x_{23}+F_2=X_2 \\ x_{31}+x_{32}+x_{33}+F_3=X_3 \end{array}\right\} \quad (5.3)$$

一方，1 列目の一次産業の数字を縦（列）方向に読むと，一次産業の生産物を生

表 5.3 産業 3 部門からなる産業連関表

部門		中間需要			最終需要	総生産
		一次産業	二次産業	三次産業		
中間投入	一次産業	x_{11}	x_{12}	x_{13}	F_1	X_1
	二次産業	x_{21}	x_{22}	x_{23}	F_2	X_2
	三次産業	x_{31}	x_{32}	x_{33}	F_3	X_3
粗付加価値		V_1	V_2	V_3		
総生産		X_1	X_2	X_3		

産するにあたって各部門にいくらずつ支払われているかがわかる．投入の構成（供給部門）は，各産業部門からの原材料として購入する中間投入部門と，雇用者所得・営業余剰などからなる粗付加価値部門の二つに大別される．両者の和も総生産に等しく，次の需給バランス式が成立する．

$$\left.\begin{array}{l} x_{11}+x_{21}+x_{31}+V_1=X_1 \\ x_{12}+x_{22}+x_{32}+V_2=X_2 \\ x_{13}+x_{23}+x_{33}+V_3=X_3 \end{array}\right\} \tag{5.4}$$

5.3.2 投入係数

いま第 j 産業において，第 i 産業から原材料として x_{ij} だけ投入している場合，総生産 X_j に対する x_{ij} の比率のことを**投入係数**といい，次式で表される．

$$a_{ij}=\frac{x_{ij}}{X_j}$$

この a_{ij} は第 j 産業が 1 単位の生産を行うときに必要とする，第 i 産業からの投入単位を表している．このような投入係数をすべての産業部門間で求め，産業連関表の中間需要・中間投入と同じ配置で並べたものを投入係数表，行列表示したものを**投入係数行列**という．

$$\text{投入係数行列} \quad A \equiv \begin{bmatrix} a_{11} & a_{12} & \cdots & a_{1n} \\ a_{21} & a_{22} & \cdots & a_{2n} \\ \vdots & \vdots & \ddots & \vdots \\ a_{n1} & a_{n2} & \cdots & a_{nn} \end{bmatrix} \tag{5.5}$$

5.3.3 均衡産出高モデルとレオンチェフ逆行列

先の需給バランス式を，投入係数を用いて表すと次のようになる．

$$\left.\begin{array}{l} a_{11}X_1+a_{12}X_2+a_{13}X_3+F_1=X_1 \\ a_{21}X_1+a_{22}X_2+a_{23}X_3+F_2=X_2 \\ a_{31}X_1+a_{32}X_2+a_{33}X_3+F_3=X_3 \end{array}\right\} \tag{5.6}$$

これをさらに行列表示して書き直すと，以下のようになる．

$$\begin{bmatrix} a_{11} & a_{12} & a_{13} \\ a_{21} & a_{22} & a_{23} \\ a_{31} & a_{32} & a_{33} \end{bmatrix}\begin{bmatrix} X_1 \\ X_2 \\ X_3 \end{bmatrix}+\begin{bmatrix} F_1 \\ F_2 \\ F_3 \end{bmatrix}=\begin{bmatrix} X_1 \\ X_2 \\ X_3 \end{bmatrix} \tag{5.7}$$

$$X=AX+F \tag{5.8}$$

いま最終需要 F が既知数であり，総生産 X が未知数であるとすると，この行列方程式の解は次のように表すことができる．

$$(I-A)X=F \tag{5.9}$$
$$X=(I-A)^{-1}F \tag{5.10}$$

この式が意味するところは，任意の最終需要 F を与えたとき，その需要を満たすために誘発される生産額 X が求められるということである．このようにして，需給バランス式から得られたモデル式のことを**均衡産出高モデル**，また右辺の係数行列 $(I-A)^{-1}$ のことを**レオンチェフ逆行列**という．

5.3.4 輸入の取扱い

ここまでは，産業連関分析の考え方とモデルをわかりやすく説明するために，輸入と輸出を考慮しなかった．しかし現実に一国の経済活動を考えてみると，最終需要は国内最終需要（＝消費＋投資）と輸出に分かれるし，また国内最終需要と中間需要を合わせた国内需要の一部は輸入でまかなわれている．

産業連関表における輸入の扱い方は，**競争輸入方式**と**非競争輸入方式**とに大別される．以下では，最も広く利用されている（総務省統計局でも採用している）競争輸入方式の考え方に基づいて，先の均衡産出高モデルを再構築してみよう．

表 5.4 をもとに需給バランス式をつくり直すと，次式のようになる．

$$X=AX+F_D+E-M \tag{5.11}$$

競争輸入方式では第 i 産業の輸入 M_i が国内需要（＝中間需要＋国内最終需要）に比例すると考えるので，第 i 産業の輸入係数 m_i は次のようになる．

$$m_i=\frac{M_i}{\sum_j x_{ij}+F_{Di}} \tag{5.12}$$

表 5.4　競争輸入型の産業連関表

部門		中間需要			最終需要		輸入(控除)	総生産
		一次産業	二次産業	三次産業	国内最終需要	輸出		
中間投入	一次産業	x_{11}	x_{12}	x_{13}	F_{D1}	E_1	M_1	X_1
	二次産業	x_{21}	x_{22}	x_{23}	F_{D2}	E_2	M_2	X_2
	三次産業	x_{31}	x_{32}	x_{33}	F_{D3}	E_3	M_3	X_3
粗付加価値		V_1	V_2	V_3				
総生産		X_1	X_2	X_3				

そして，この輸入係数を対角化した行列を $\overline{M}$ と置くと，需給バランス式とそれから導出される均衡産出高モデル式は以下のようになる．

$$X = AX + F_D + E - \overline{M}(AX + F_D) \tag{5.13}$$

$$X = [I-(I-\overline{M})A]^{-1}[(I-\overline{M})F_D + E] \tag{5.14}$$

ただし，$\overline{M} \equiv \begin{bmatrix} m_1 & 0 & \cdots & 0 \\ 0 & m_2 & & \vdots \\ \vdots & & \ddots & 0 \\ 0 & \cdots & 0 & m_n \end{bmatrix}$

上式において $(I-\overline{M})A$ は国産品投入係数，つまり輸入を控除した国産分の投入係数であり，レオンチェフ逆行列は $[I-(I-\overline{M})A]^{-1}$ となる．

なお，$I-\overline{M}=\Gamma$，$[I-(I-\overline{M})A]^{-1}=B$ と置いて，競争輸入型の均衡産出高モデルを次のように表現することもある．

$$X = B(\Gamma F_D + E) \tag{5.15}$$

5.3.5 生産誘発額と生産誘発係数

均衡産出高モデルは，適当な国内最終需要（消費や投資）F_D あるいは輸出 E が与えられたとき，この需要を満たすために誘発される究極的な生産額 X が求められることを表している．

このようにして求められる生産額のことを，国内最終需要 F_D（あるいは輸出 E）による**生産誘発額**という．また，この生産誘発額をもとの国内最終需要 F_D（あるいは輸出 E）で除した値のことを**生産誘発係数**と呼び，次式で求められる．

国内最終需要の生産誘発係数 $\quad \dfrac{B\Gamma F_D}{iF_D} \tag{5.16}$

輸出の生産誘発係数 $\quad \dfrac{BE}{iE} \tag{5.17}$

ただし，i は単位行ベクトル：$i=(1,1,\cdots,1)$

生産誘発係数を見れば，例えば1単位の需要が発生したときに，各産業部門には何単位の生産誘発が生じ，合計では何単位の総生産が誘発されるのかを知ることができる．

5.4 計量モデル分析

5.4.1 計量モデルの概要

現実の経済は，さまざまな要因が複雑に絡まりあって一つのシステムを形成している．その中からいくつかの主要な要因を抽出し，経済理論に基づいて相互の因果関係を解明しながら，連立方程式の形で表現したものが**計量モデル**である．

例えば 4 変数から成る簡単な**マクロ経済モデル**を考えると，各変数の相互依存関係は**図 5.5** のように表すことができる．

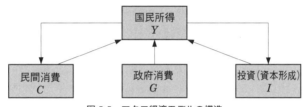

図 5.5 マクロ経済モデルの構造

これを定式化した計量モデルは，次のような三つの方程式から成る連立方程式で表すことができる．

$$C_t = \alpha_0 + \alpha_1 Y_t + u_t^C \tag{5.18}$$

$$I_t = \beta_0 + \beta_1 (Y_t - Y_{t-1}) + u_t^I \tag{5.19}$$

$$Y_t = C_t + I_t + G_t \tag{5.20}$$

ここで，C_t，I_t，Y_t はそれぞれ，t 期における民間消費，投資（資本形成），国民所得を表しており，G_t は t 期における政府消費（政府支出）である．

5.4.2 方程式の種類

前項の計量モデルを構成する三つの方程式のうち，式 (5.20) は四つの経済変数の間で定義的に成立する式，すなわち**定義式**（definitional equation）である．これに対して，式 (5.18) と式 (5.19) は，経済活動における行動主体，例えば政府，企業，消費者などの行動を表す式という意味から**行動方程式**（behavior equation）と呼ばれる．

計量モデルに用いられる変数は，そのモデル（連立方程式）を解く過程で決定されていく**内生変数**（endogenous variable）と，モデルの外であらかじめ決定して

与えられる**外生変数**（exogenous variable）とに分けられる．また，内生変数のうちタイムラグを伴うものは，過去の値として先に決定されているという意味で，**先決内生変数**と呼ばれる．上記の例では C_t, I_t, Y_t が内生変数，G_t は外生変数，Y_{t-1} は先決内生変数，そして u_t^C と u_t^I は誤差項である．

一般に，連立方程式を解くためには，未知数の数が方程式の数と一致しなければならない．計量モデルにおける外生変数と先決内生変数は既知数であり，内生変数だけが未知数にあたるので，計量モデルを解くためには内生変数の数と方程式の数が一致しなければならないことがわかる．

上記の計量モデルのように，経済理論から導かれる変数間の関係をそのまま記述したものを**構造型**（structural form），それぞれの方程式を**構造方程式**（structural equation）という．一般に，構造方程式の右辺には内生変数と外生変数が混在する．

これに対して，計量モデルを内生変数に関して数学的に解いたものを**誘導型**（reduced form），それぞれの方程式を**誘導方程式**（reduced equation）という．つまり個々の誘導方程式の左辺には一つの内生変数，右辺は外生変数と先決内生変数と誤差項だけが存在する．

例えば，構造方程式（5.20）に式（5.18）と式（5.19）を代入すると

$$Y_t = \alpha_0 + \alpha_1 Y_t + u_t^C + \beta_0 + \beta_1(Y_t - Y_{t-1}) + u_t^I + G_t \tag{5.21}$$

となり，これを Y_t について解くと，次のような誘導方程式を得る．

$$Y_t = \frac{1}{1-\alpha_1-\beta_1}(-\beta_1 Y_{t-1} + G_t + \alpha_0 + \beta_0 + u_t^C + u_t^I) \tag{5.22}$$

5.4.3　方程式の推定

計量モデルを解く前に，回帰分析などの統計的手法によって各方程式のパラメータを，実際のデータから推定しておかなければならない．

一般に，計量モデルを構成する方程式の推定には，**最小 2 乗法**（ordinary least squares）を用いる．最小 2 乗法で構造方程式のパラメータを推定し，推定の不要な定義式と組み合わせることによって，連立方程式による計量モデルを構築することができる．

最小 2 乗法は非常に優れた回帰分析手法であるが，変数間に複雑な相互依存関係が見られる計量モデルにこれを適用しようとすると，推定したパラメータに偏

り (bias) が発生し,「パラメータ推定値の不偏性と一致性」という評価基準に適合しなくなる欠点がある．具体的には，式 (5.18) の構造方程式を推定する際に Y_t と u_t^c は互いに独立であると仮定しておきながら，式 (5.22) の誘導方程式において Y_t は u_t^c に従属している，つまり先の仮定が崩れることになる．

このような欠点を避けるための回帰分析手法として，間接最小 2 乗法や 2 段階最小 2 乗法などの**同時推定法**が考案されている．しかしながら，実際のモデル分析においては，以下のような理由から同時推定法ではなく最小 2 乗法を用いることが多い．

- 構造型で記述した計量モデルをすべて誘導型に置換する必要があり，変数が増えると作業が困難である．
- 大規模な計量モデルは非線形であることが多く，誘導型への置換そのものが不可能なことがある．
- 一般に，最小 2 乗法によって発生する偏りに伴う誤差は，他の原因によって発生する誤差と比べてそれほど大きくない．

5.4.4 計量モデルのテスト

計量モデルを構成する個々の方程式がうまく推定されたとしても，連立方程式体系であるモデル全体としてのパフォーマンス（実績値に対する計算値の追跡力）が優れているとは限らない．そこでシミュレーションを行う前に，計量モデルのパフォーマンステストを実施する必要がある．

（a） 内挿テスト

内挿テスト（interpolation test）とは，モデルの推定に用いたデータ期間内について，モデルによる計算値と実績値とを比較し適合度を評価するテストのことで，パーシャルテスト，トータルテスト，ファイナルテストの三つがある．

パーシャルテストとは，個々の構造方程式のパフォーマンスを評価するためのものである．構造方程式の右辺にあるすべての変数に実績値を代入して左辺の内生変数を計算で求め，その計算値と実績値とを比較する．

トータルテストでは，構造方程式の外生変数と先決内生変数のみに実績値を代入して左辺の内生変数を計算する．この計算値は別の構造方程式の右辺に代入されていくので，ある方程式で生じた誤差は他の方程式にも波及する．つまり，ある単一期におけるモデル全体のパフォーマンスを評価するものである．

ファイナルテストでは，構造方程式の外生変数のみに実績値を代入して左辺の内生変数を計算する．先決内生変数にも1期前の計算値を代入するので，ある期に生じた誤差は翌期以降に波及する．つまり，推定期間全体にわたるモデルのパフォーマンスを評価する，最も厳しいテストである．

（b） 外挿テスト

外挿テスト（extrapolation test）とは，モデルの推定に用いたデータ期間の後から現時点までの間において，モデルによる計算値と実績値とを比較するテストである．構造方程式の右辺にある説明変数のうち，外生変数のみに実績値を与えてモデルのパフォーマンスを計測するが，該当する期間が短いためにほとんど行われない．なお，外挿テストを将来に延長したものが予測であることから，予測を外挿テストの一部に含めることもある．

5.4.5　シミュレーション（計量モデルの解法）

計量モデルによる経済変量の予測は，経済システムの動きをシミュレートすることを意味する．つまり，個々の構造方程式に手を加えて経済構造の変化を組み込んだり，外生変数の設定値を変えて経済政策や国際環境の変化を盛り込むなど，いろいろなケースでシミュレーションを行いながら，内生変数がどのように変化するのかを調べることが目的である．

（a） 逆行列計算法

連立方程式体系で表される計量モデルを解く場合，すべての方程式が線形であれば，誘導型にそろえた後で逆行列計算を行うことによって，比較的容易に解（内生変数）を求めることができる．しかし，体系の中に1本でも非線形方程式が存在すると，この方法は適用できない．

いま，線形の連立方程式体系が次式で表されるとしよう．

$$Y = AY + B \tag{5.23}$$

これを Y について解くと

$$Y = (I-A)^{-1}B \tag{5.24}$$

となり，逆行列 $(I-A)^{-1}$ さえ計算できれば，容易に解が得られることがわかる．

（b） 逐次近似法

一般に，大規模な計量モデルは非線形方程式を含むことが多い．このような場合には，逐次近似法が適用される．計量モデルにおける逐次近似法として，最も

広く利用されているのは**ガウス・ザイデル法**（Gauss-Seidel method）で，モデルの大きさや線形・非線形などの制約を受けない，誘導型への変換や逆行列計算の必要がなく計算速度が速い，といった特徴を有する．

非線形の連立方程式体系は，一般に次式のように定式化される．

$$Y = F(Y, Z) \tag{5.25}$$

（Z は初期条件および外生変数を表す）

まず，最初の近似的な解として Y^0 を右辺に与えると，次式が得られる．

$$Y^1 = F(Y^0, Z) \tag{5.26}$$

（上付き数字は反復回数を表す）

Y^1 がもとの Y^0 に等しければこれが体系の解であるが，通常は等しくならないので，次に Y^1 を右辺に代入して Y^2 を得る．これを繰り返し行って，Y^k と Y^{k-1} との差が一定の収束条件を満たしたとき，近似的な解として Y^k を得る．

この方法の問題点は，反復計算が常に収束するとは限らないことである．しかしながら，収束条件を「0.01％以下」とした場合の反復回数は数十回であることが，経験的にわかっている．

■ 演習問題

5.1 人気キャラクタ商品に関する需要・供給表（**表 5.5**）から，需要曲線と供給曲線を描き，均衡点での価格と数量を決定せよ．

表 5.5

商品1個の価格 〔円〕	需要される数量 〔千個〕	供給される数量 〔千個〕
1,000	0	50
800	10	40
600	20	30
400	30	20
200	40	10
100	80	0

5.2 前問において，もしこの商品に対する需要がそれぞれの価格で 2 倍になったとしたら，どんなことが起こるかを述べよ．

次に，最初に商品 1 個の価格が 400 円と決定されたとしたら，どんなことが起こるかを述べよ．

5.3 表 5.6 は，2011 年における日本の産業連関表（競争輸入型）である．これをもとに以下の分析を行え．

表 5.6　2011 年における日本の産業連関表（単位：兆円）

部門		中間需要			最終需要		輸入(控除)	総生産
		一次産業	二次産業	三次産業	国内最終需要	輸出		
中間投入	一次産業	1.5	7.9	1.4	3.9	0.0	2.6	12.0
	二次産業	2.7	161.9	62.8	132.9	54.5	71.7	343.2
	三次産業	2.0	66.8	155.8	352.3	16.4	8.9	584.4
粗付加価値		5.8	106.6	364.4				
総生産		12.0	343.2	584.4				

(1) 投入係数 A と輸入係数 $\overline{M}$ を求めよ．

(2) レオンチェフ逆行列 $[I-(I-\overline{M})A]^{-1}$ を求め，競争輸入型の均衡産出高モデルをつくれ．

(3) 一次産業に 1 兆円の輸出需要が発生したとき，各産業に誘発される生産額はいくらになるかを求めよ．同じ要領で，二次産業あるいは三次産業に 1 兆円の輸出需要が発生した場合についても分析せよ．

(4) 一次産業に 1 兆円の国内最終需要が発生したとき，各産業に誘発される生産額はいくらになるかを求めよ．同じ要領で，二次産業あるいは三次産業についても分析せよ．

(5) 一次産業に 1 兆円の国内最終需要が発生したとき，各産業に誘発される輸入額はいくらになるかを求めよ．同じ要領で，二次産業あるいは三次産業についても分析せよ．

5.4 2000 年（あるいは 1990 年，1980 年など）における日本の産業連関表について，前問と同様の分析を行え．そして，日本の産業構造の変化について言及せよ．

5.5 式 (5.18) ～式 (5.20) を C_t および I_t について解き，それぞれの誘導方程式を求めよ．次に，上で求めた誘導方程式から，この計量モデルを行列の計算式で表現せよ．

5.6 表 5.7 は，2005〜2015 年における日本の主要経済指標である．これをもとに以下の分析を行え．

表 5.7 2005〜2015 年における日本の主要経済指標（単位：兆円）

暦年	国民所得 Y	民間消費 C	政府消費 G	投資 (資本形成) I
2005	535.5	291.5	95.0	149.0
2006	540.7	294.4	94.6	151.7
2007	547.7	296.0	95.4	156.3
2008	534.4	295.0	95.6	143.8
2009	501.5	286.3	96.1	119.1
2010	513.3	289.0	97.5	126.8
2011	505.3	286.3	99.2	119.8
2012	508.2	290.2	100.2	117.8
2013	520.1	296.7	101.5	121.9
2014	532.4	300.1	103.6	128.7
2015	552.3	301.2	105.3	145.8

(1) 表 5.7 のデータに回帰分析を適用して，式 (5.18) と式 (5.19) の係数を推定せよ．また，式 (5.20) が成立していることを確認せよ．

(2) 式 (5.22) を用いて，2016 年における国民所得 Y を推計せよ．ただし，政府消費 G は毎年 2 ％ずつ増加するものと仮定する．次に，式 (5.18) を用いて 2016 年における民間消費 C を，式 (5.19) を用いて 2016 年における投資 I を推計せよ．

(3) 同じ要領で，2017〜2025 年における国民所得 Y，民間消費 C，投資 I を推計せよ．

(4) 最新の「国民経済計算」データを入手し，実際の値と上で求めた推計値とを比較・評価せよ．

6章
確率的モデルのシミュレーションと乱数

― **本章で学ぶこと**
― 確率的モデルの考え方／大数の法則と中心極限定理
― 乱数と乱数列／一様乱数／特殊な分布に従う乱数
― 一様な擬似乱数の発生／乱数列の検定

6.1 確率的モデルとシミュレーション

6.1.1 確率的モデルの考え方

　一般に，与えられた問題を数学的に処理する場合，問題を数式として定式化し，これを解析的に解く．これが**決定的モデル**の基本的な考え方である．ところが，現実のさまざまな事象を見ると，そこには多くの不確実な要因が含まれていて，すべてを数式に盛り込むことはほとんど不可能に近い．あるいは，数式ができたとしても，解析的に解くことができるとは限らない．このように不確実な要因を含む問題は，**確率的モデル**として定式化しなければならない．

　例えば，スーパーマーケットで何台のレジを設置すれば，客の平均待ち時間はどれくらいになるかという問題を考えてみよう（詳細は9章「待ち行列」を参照）．そもそも1日に何人の客が来るのかは，曜日，天候，特売品の有無など多くの要因に左右されるのだが，過去の経験値に基づいて確率的に与えることはできる．次に，客がレジにやってくる時間間隔は均一ではないが，ある種の**確率過程**に基づくと仮定することができる．そして，客がレジを通過するのにかかるサービス時間も，ある種の確率過程に基づくものと仮定することができる．

　確率過程に基づく事象を扱う確率的モデルを解く手法としては**モンテカルロ法**が有効である（詳細は7章「モンテカルロ法」を参照）．モンテカルロ法とは，**乱数列**を用いるシミュレーション技法の総称であり，現象に含まれる不確実な要因を，乱数を用いて表現しようとするものである．シミュレーションの対象となる問題のうち，不確実な要素を含む事象はすべてモンテカルロ法の対象である．なお，確率過程を含むシミュレーションでは，計算結果の再現性が保証されないが，多数回の試行結果を統計的に分析することで，最適解を導くことができる．

ところで，モンテカルロ法は元来，確率論的な現象を対象とするものであるが，決定論的（非確率論的）な問題を扱うこともできる．例えば，次章で扱う円周率 π の計算や定積分の評価などは確率とは無関係な問題であるが，モンテカルロ法で数値的に解くことができるという典型的な例である．決定論的な問題をモンテカルロ法で解くには，その問題と確率過程との関連を見いださなければならない．そして，結果として得られる解はばらつきのある近似解であって，**中心極限定理**などを用いて真の値を推定するか，厳密解が存在する場合は別に数学的解析を行うことになる．

6.1.2　大数の法則と中心極限定理

確率的モデルを扱うためには，確率論の二大定理である**大数の法則**と**中心極限定理**についての理解が不可欠である．

大数の法則とは，**経験的確率**が**理論的確率**に一致することを示す定理である．例えば，ひずみがなく均質な（理想的な）コインを投げるとき，投げる回数を増やしていけば，表が出る割合（相対頻度）も裏が出る割合も 1/2 に近づいていくことを，我々は経験的に知っている．つまり，あるシミュレーション（実験）において，事象 A が起きる理論的確率が p であるとき，シミュレーションの試行回数を限りなく増やしていけば，事象 A の起きる割合（経験的確率）は p に近づく．これが大数の法則の意味である（**図 6.1**）．

大数の法則を数式で表現すると，次のようになる．

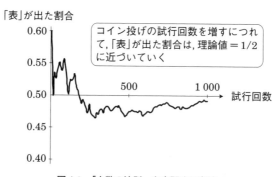

図 6.1　「大数の法則」を実証する実験

$$\lim_{n\to\infty} P(|\bar{x}-\mu|<\varepsilon)=1 \tag{6.1}$$

ただし，$\bar{x}=\dfrac{x_1+x_2+\cdots+x_n}{n}$

ここで，x_n は n 番目の試行結果（$x_1, x_2, \cdots, x_n$ は同じ分布に従う独立な確率変数），μ は期待値（算術平均値），ε は十分に小さな正数で，$P(X)$ は事象 X が起こる確率を表している．この式を確率論的に解釈すると，「$n\to\infty$ のとき，$x_1, x_2, \cdots, x_n$ の平均値は μ に収束する」ということになる．

中心極限定理は，標本の平均値が，母集団の分布に関係なく正規分布に従うことを示す定理である．

中心極限定理を数式で表現すると，次のようになる．

$$\lim_{n\to\infty} P\left(\dfrac{\bar{x}-\mu}{\sqrt{\sigma^2 n}} \leqq z\right) = \int_{-\infty}^{z} \dfrac{1}{\sqrt{2\pi}} e^{-t^2/2} dt \equiv \Phi(z) \tag{6.2}$$

ただし，$\bar{x}=\dfrac{x_1+x_2+\cdots+x_n}{n}$

ここで，$\Phi(z)$ は**標準正規分布**の分布関数を表している（その他の変数は式 (6.1) と同じ）．つまり，n が十分に大きければ，標本平均 $\bar{x}$ の分布は平均値 $=\mu$，分散 $=\sigma^2/n$ の正規分布 $N(\mu, \sigma^2/n)$ に従うということを示している（**図 6.2**）．

この定理が重要なのは，母集団がどのような分布であっても（適当な分散を有していれば）成立する点にある．これをシミュレーション（実験）に当てはめて考えると，シミュレーションを行う前にその母集団の分布など確かめようもないが，試行回数が十分に大きければ，試行して得られた結果の平均値は正規分布に従うということである．

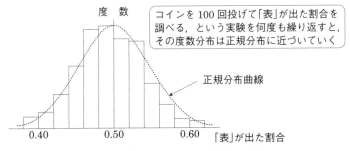

図 6.2 「中心極限定理」を実証する実験

6.2 乱数とは何か

6.2.1 乱数と乱数列

乱数列（random number sequence）とは，いかなる法則性や規則性も見られない数列のことであり，乱数列の各要素のことを**乱数**（random number）という．

例えば次のような数列の場合，x_n が与えられたとき，x_{n+1} を予測することは容易である．このように一定の規則に従う数列は乱数列ではない．

a) $1, 3, 5, 7, 9, 11, 13, \cdots$
b) $1, 4, 9, 16, 25, 36, 49, \cdots$
c) $1/3, 3/5, 5/7, 7/9, 9/11, 11/13, \cdots$

ところが，身近にあるサイコロを振って得られた次の数列

$2, 4, 5, 2, 3, 5, 1, 4, 3, 6, 5, 2, 2, 3, 1, 2, 6, 1, 1, 4, \cdots$

において，$(x_1, x_2, \cdots, x_n)$ から x_{n+1} を予測することは不可能である．つまり，サイコロを振り続けて得られる数列は，乱数列であるといえる．

乱数は，確率的モデルを解くモンテカルロ法において，確率過程をコンピュータ上で模擬的に出現させるために不可欠な道具であり，その発生方法は四つに大別される．

まず，上の例のようにサイコロを振って，無作為に出現する値を記録する方法があげられる．サイコロを使って得られる値は 1〜6 の整数であるが，正多面体のサイコロやルーレットを使えば，もっと大きな整数を得ることができる．正二十面体のサイコロは**乱数賽**とも呼ばれ，各面には 0〜9 の数字が 2 度ずつ刻まれている．市販のものは色違い 3 個が一組になっているので，0〜999 の乱数を手軽に得ることができる．

二つ目は，既存の**乱数表**を用いる方法である．さまざまな乱数表が公表されているが，公刊されているものとしては，日本工業規格 JIS Z 9031（乱数発生及びランダム化の手順）の付表「乱数表」（通称「JIS 乱数表」）がある．これには 4 万個の 0〜9 の数字が記載されており，4 桁なら 10 000 個，8 桁なら 5 000 個までの乱数を取り出すことができる．比較的少ない標本を抽出する場合には有効であろう．

三つ目は物理乱数源を利用する方法である．**物理乱数**の生成には，自然界の雑音や，原子核分裂のガンマ線や宇宙線の観測値など，本質的にランダムな物理現

象を利用する．測定が難しいことや再現性がないこともあって，物理乱数がモンテカルロ法で利用されることはない．しかし，乱数生成パターンが全く予測できないという点は，暗号化の際に利用する乱数として非常に優れている．

四つ目は，一定の算術式（アルゴリズム）に従って確定的な計算で発生するものである．これを**算術乱数**というが，必ず何らかの規則性をもち**真性乱数**とはなり得ないことから，**擬似乱数**とも呼ばれる．しかしながら，確定的であるということは再現性があり，乱数列の検定も容易であることを意味する．しかも多数個の乱数を高速で発生させることができるため，コンピュータシミュレーションで多用されている．

なお，超越数の中にはその数値の並びに乱数性が認められるものがある．ここで超越数とは，関数の解として表現することのできない無理数で，円周率（π），自然対数の底（e），$2^{\sqrt{2}}$，$2^{\sqrt{3}}$，$3^{\sqrt{2}}$，$4^{3\sqrt{2}}$などが知られている．この中で，少なくともπの3141592653589793238462……という一連の数の並びには乱数性があると推定されている．

6.2.2 一　様　乱　数

一様乱数とは，ある有限の区間$[a, b]$内においてランダムに分布する乱数のことで，このような乱数列のことを$[a, b]$上の**一様乱数列**という．

一様乱数は，**等確率性**（等出現性）と**無規則性**（独立性）という二つの基本的性質をもっている．このことを確認するために，JIS乱数表（JIS Z 9031の付表1）から最初の200個を抽出して掲載した（**表6.1**）．

表6.1　乱数表から抽出した200個の乱数列

93 90 60 02 17 25 89 42 27 41 64 45 08 02 70 42 49 41 55 98
34 19 39 65 54 32 14 02 06 84 43 65 97 97 65 05 40 55 65 06
27 88 28 07 16 05 18 96 81 69 53 34 79 84 83 44 07 12 00 38
95 16 61 89 77 47 14 14 40 87 12 40 15 18 54 89 72 88 59 67
50 45 95 10 48 25 29 74 63 48 44 06 18 67 19 90 52 44 05 85

一様乱数列の中から連続するn個を取り出して，数字i（$i=0, 1, 2, \cdots, 9$）が現れた個数をk_iとすると，相対頻度k_i/n（$i=0, 1, 2, \cdots, 9$）は必ずしも理論的確率$1/10$に一致しない．しかし，nを大きくしていくと，しだいに$1/10$に近づいていくことが確認できる．このような性質を等確率性といい，次のような数式で表

すことができる.

$$\lim_{n\to\infty}\frac{k_i}{n}=\frac{1}{10} \quad (i=0, 1, \cdots, 9) \tag{6.3}$$

次に，m 番目の数字と n 番目の数字（$m \neq n$）を選んで，両者の関係を見てみよう．例えば $n = m+1$ として「9」という数字に注目すると，最初の9の次の数字は3，二つ目の9の次は0，三つ目の9の次は4，というように全く無関係である．逆に9の出現間隔に注目しても，最初の9から数えて二つ目の9は2番目，次は11番目，その次は20番目，5番目，…，というように規則性がない．このような性質を無規則性という．

ところで，一様乱数があらゆる意味でランダム性を要求されるのに対して，ある種のモンテカルロシミュレーションにおいては，むしろ一定の規則性をもった乱数列のほうが好ましい場合がある．このような乱数は**準乱数**と呼ばれ，特に**多重積分**の計算において，少ない計算回数で計算精度を大幅に向上させる効果があることが知られている．

6.2.3 特殊な分布に従う乱数

乱数列を用いるシミュレーション技法であるモンテカルロ法は，実際の不確実な現象を確率モデルとして定式化してコンピュータの中で再現するわけであるが，確率モデルの中には正規分布に従うものもあれば，指数分布やポアソン分布に従うものもある．

理論的には，どのような確率分布に従う乱数列であっても，一様乱数列から変換して発生させることができる．確率分布が連続的であって，分布関数の逆関数が容易に得られる場合は**逆関数法**（**直接法**とも呼ばれる）が有効である．それ以外の方法としては，密度関数の形にもよるが，棄却法，合成法，合成棄却法などが利用される．

一方，二項分布やポアソン分布のように確率分布が離散的な場合には，一つのアルゴリズムで任意の分布に基づく乱数列を発生させることができる．この考え方は，密度関数が複雑で一般的な解法が利用できない連続分布にも有効である．つまり，確率変数の定義域を微小区間に分割して，擬似的な離散分布とみなすことで，同じアルゴリズムが適用できるわけである．

では，連続的な確率分布と離散的な確率分布，それぞれの代表的な変換アルゴ

リズムを紹介し，具体的な乱数発生方法を見てみよう．

（a） 逆関数法による乱数発生方法

いま，連続的な確率変数 z が確率密度関数 $f(x)$ をもつとすれば

$$u=\int_{-\infty}^{z}f(x)dx \tag{6.4}$$

で定義される確率変数 u は，区間 $[0, 1]$ で一様分布することになる．したがって，一様乱数列 $\{u_i\}$ に対して

$$\int_{-\infty}^{z_i}f(x)dx=u_i \tag{6.5}$$

を満たす数列 $\{z_i\}$ を求めれば，これは確率密度関数 $f(x)$ に従う乱数列となる．

逆関数法の例として，**指数乱数列**を求める方法を考えてみよう（**図 6.3**）．指数分布の確率密度関数は

$$f(x)=\alpha \cdot e^{-\alpha \cdot x} \quad (x \geq 0, \; \alpha > 0) \tag{6.6}$$

で表され，その確率分布関数は

$$F(z)\int_{0}^{z}f(x)dx=\int_{0}^{z}\alpha \cdot e^{-\alpha \cdot x}dx=1-e^{-\alpha \cdot z} \tag{6.7}$$

となる．そこで，区間 $[0, 1]$ 上の一様乱数列 $\{u_i\}$ から u_n を取り出して

$$u_n=F(z_n)=1-e^{-\alpha \cdot z_n} \tag{6.8}$$

を解くと，次の解が得られる．

$$z_n=-\frac{1}{\alpha}\ln(1-u_n) \tag{6.9}$$

このようにして一様乱数列 $\{u_i\}$ から変換された数列 $\{z_i\}$ は，指数分布に従う乱数列となる．

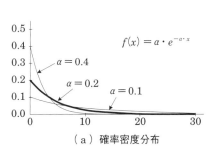
（a）確率密度分布

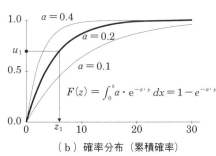
（b）確率分布（累積確率）

図 6.3 指数分布

(b) 離散的な分布の乱数発生方法

いま，離散的な確率変数 X の確率密度関数を

$$P(X=k)=p_k \quad (k=0,1,2,3,\cdots) \tag{6.10}$$

とすると

$$u=\sum_{k=0}^{z} p_k \quad (z=0,1,2,3,\cdots) \tag{6.11}$$

で定義される確率変数 u は，区間 $[0,1]$ で一様分布となる．そこで，一様乱数列 $\{u_i\}$ から一つの乱数 u_n を取り出すと

$$\sum_{k=0}^{z_n-1} p_k \leq u_n < \sum_{k=0}^{z_n} p_k \tag{6.12}$$

を満たす z_n が存在する．このような数列 $\{z_i\}$ を求めれば，これは離散的な確率密度関数 p_k に従う乱数列となる．

離散分布の例として，**ポアソン乱数列**の求め方を見てみよう（**図 6.4**）．ポアソン分布の確率密度関数は

$$P(X=k)=p_k=e^{-m}\frac{m^k}{k!} \quad (k=0,1,2,3,\cdots) \tag{6.13}$$

で表される．ここで k は確率変数，m は平均値であり，m の値が大きくなればポアソン分布は正規分布に近づくことがわかっている．

まず，区間 $[0,1]$ 上の一様乱数列 $\{u_i\}$ から u_1 を取り出して

$$\sum_{k=0}^{z_1-1} e^{-m}\frac{m^k}{k!} \leq u_1 < \sum_{k=0}^{z_1} e^{-m}\frac{m^k}{k!} \tag{6.14}$$

を満たす z_1 を求める．同じ要領で $u_2, u_3, u_4, \cdots$ から，$z_2, z_3, z_4, \cdots$ を求めていけば，数列 $\{z_i\}$ はポアソン乱数列となる．

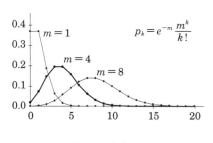

（a）確率密度分布

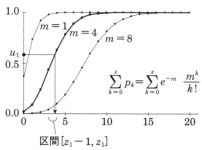

（b）確率分布（累積確率）

図 6.4 ポアソン分布

（c） 正規乱数列のつくり方

標準正規分布 $N(0, 1)$ とは，平均 0，分散 1 の正規分布のことで，その確率密度関数 $f(x)$ は次式で表される．

$$f(x) = \frac{1}{\sqrt{2\pi}} e^{-x^2/2} \quad (-\infty < x < \infty) \tag{6.15}$$

そして，標準正規分布に従う乱数列 $\{z_i\}$ をつくっておけば，平均 μ，分散 σ^2 の正規分布に従う正規乱数列 $\{y_i\}$ は，次のように変換して得ることができる．

$$y_i = \sigma \cdot z_i + \mu \tag{6.16}$$

標準正規乱数列を発生する方法はいくつか考案されているが，ここでは**ボックス・ミュラー**（**Box-Muöller**）**の方法**を紹介しよう．区間 $[0, 1]$ 上の一様乱数列 $\{u_i\}$ から二つの乱数 u_1 と u_2 を取り出して，次のような変換を行う．

$$\left. \begin{array}{l} z_1 = (-2 \log_e u_1)^{1/2} \times \cos(2\pi \cdot u_2) \\ z_2 = (-2 \log_e u_1)^{1/2} \times \sin(2\pi \cdot u_2) \end{array} \right\} \tag{6.17}$$

同じ要領で u_3 と u_4 から z_3 と z_4，u_5 と u_6 から z_5 と z_6，…を求めていけば，数列 $\{z_i\}$ は標準正規分布 $N(0, 1)$ に従う乱数列となる（証明は省略（**図 6.5**））．

（d） 任意の分布に従う乱数の発生方法：棄却法

任意の分布に従う乱数を発生するための一般的な方法として，フォン・ノイマン（von Neumann）によって考案された**棄却法**（rejection method）がある．この方法は，連続分布にも離散分布にも適用できるのが特徴である．

確率密度関数 $f(x)$ に従って分布する，区間 $[a, b]$ 上の乱数を発生する場合を考えてみよう．まず，区間 $[a, b]$ において $f(x) < c$ となるような定数 $c\,(>0)$ を定める．次に，二つの独立な区間 $[0, 1]$ 上の一様乱数を線形変換して，区間 $[a, b]$ 上の一様乱数列 $\{u_i\}$ と，区間 $[0, c]$ 上の一様乱数列 $\{v_i\}$ を生成しておく．そ

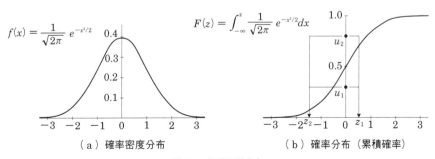

（a）確率密度分布　　　　　　　（b）確率分布（累積確率）

図 6.5　標準正規分布

して，$\{u_i\}$ から u_1 を，$\{v_i\}$ から v_1 を取り出し

$$v_1 \leq f(u_1) \tag{6.18}$$

が成立すれば u_1 を採択し，成立しなければこれを棄却する．同じ要領で (u_2, v_2)，(u_3, v_3)，(u_4, v_4)，…について採択か棄却かを判定していけば，採択された乱数列 $\{u_j\}$ は，確率密度関数 $f(x)$ に従うことになる（証明は省略（**図 6.6**））．

この方法は，必要な個数の乱数列を得るまでに棄却される割合が，あまり多くならない場合に有効である．つまり，区間 $[a, b]$ における $f(x)$ の平均値と定数 c の比が 1 に近いほど，棄却する割合が小さくなり，乱数発生の効率は良くなる．

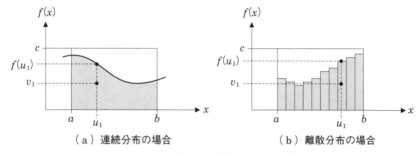

（a）連続分布の場合　　　　　（b）離散分布の場合

図 6.6　棄却法による任意分布の乱数発生

6.3　擬似乱数の発生と検定

6.3.1　一様な擬似乱数の発生

コンピュータシミュレーションで多用されている算術計算による擬似乱数について，乱数発生法あるいは得られた乱数列に求められる条件は次のとおりである．

① 多数個の乱数を高速で発生できること
② 乱数列に周期性があるとしても，十分に長い周期であること
③ 再現性があり，乱数列の検定や再実験への利用ができること

これらの点に注意しながら，すべての乱数の基本となる一様乱数を擬似的に発生する方法を見てみよう．

平方採中法（図 6.7）は，フォン・ノイマンによって 1940 年代に考案された方法である．いま乱数 x_n が $2k$ 桁の整数であるとき，これを 2 乗して得られる $4k$ 桁の整数 x_n^2（桁不足は 0 で補う）の中央に位する $2k$ 桁を取り出して，次の乱数 x_{n+1} とする．最初に適当な x_0 を与え，このような操作を繰り返して得られる数

```
      │939060│       x₀    0.939060
881│833683│600   x₁    0.833683
695│027344│489   x₂    0.027344
000│747694│336   x₃    0.747694
559│046317│636   x₄    0.046317
      │  ⋮   │        ⋮      ⋮
```

図 6.7　平方採中法の手順

列は $2k$ 桁の擬似乱数列となり，各数の前に小数点を付ければ，区間 $[0,1]$ 上の一様な擬似乱数であるとみなされる．しかし，この方法で長い周期の乱数列を発生することは困難であり，その他にも統計的な不都合などがあって，現在のコンピュータシミュレーションではほとんど用いられていない．

線形漸化式を使う乱数発生法は**合同法**とも呼ばれ，その一般形は次式で表される．

$$x_{n+1} \equiv a_0 x_n + a_1 x_{n-1} + \cdots + a_j x_{n-j} + b \pmod{M} \tag{6.19}$$

ただし，$a_i\,(i=0,1,\cdots,j)$ および b は非負の整数

ここで，$\bmod M$ は M という整数値（これを法という）で割った余りを採用することを意味している．このようにして得られる乱数は，常に M より小さい非負の整数値であり，乱数列の周期や統計的性質は定数 $a_i\,(i=0,1,\cdots,j)$ および b と初期値 $x_i\,(i=0,1,\cdots,j)$ の組合せに依存する．以下では，線形漸化式法の代表例として，**フィボナッチ法**，**乗積合同法**と**混合合同法**を紹介する．

(a) フィボナッチ法（Fibonacci method）

数学における**フィボナッチ数列**とは，次式

$$F_1 = 1,\ F_2 = 1,\ F_n = F_{n-1} + F_{n-2} \quad (n = 3, 4, 5, \cdots) \tag{6.20}$$

で得られる数列のことで，数列の各項の値はフィボナッチ数と呼ばれる．これとよく似た線形漸化式

$$x_{n+1} \equiv x_n + x_{n-1} \pmod{M} \tag{6.21}$$

で乱数を発生する方法をフィボナッチ法といい，式（6.19）の特別なケースであることがわかる．

(b) 乗積合同法（multiplicative congruential method）

乗積合同法とは，正整数 $a,\ b$ を与え，次の漸化式によって乱数列を発生する方

法である．

$$\left.\begin{array}{l}x_{n+1} \equiv ax_n \quad (\mathrm{mod}\ M) \\ x_0 = b\end{array}\right\} \tag{6.22}$$

この乱数列の最大可能な周期は，M が 2^p ($p \geqq 3$) のとき 2^{p-2} であり，M が 10^p ($p>3$) のとき $5 \times 10^{p-2}$ である（証明は省略）．ただし，最大周期となるときの a と b の組合せには，一定のルールがある．例えば $M=10^4$，$a=203$ とした場合，$b \equiv 1, 3, 7, 9\ (\mathrm{mod}\ 10)$ に対して周期は最大の $5 \times 10^{4-2} = 500$ となる．

（c） 混合合同法 (mixed congruential method)

混合合同法は，乗積合同法を改良して最大可能周期を長くしたもので，次の漸化式によって乱数列を発生させる．

$$\left.\begin{array}{l}x_{n+1} \equiv ax_n + c \quad (\mathrm{mod}\ M) \\ x_0 = b\end{array}\right\} \tag{6.23}$$

この乱数列の最大可能な周期は，M が 2^p のとき 2^p であり，M が 10^p のとき 10^p となる（証明は省略）．ただし，最大周期となるときの a と c の組合せには，やはり一定のルールがある（初期値 b とは無関係）．例えば $M=10^4$，$a=21$ とした場合，$c \equiv 1, 3, 7, 9\ (\mathrm{mod}\ 10)$ に対して，周期は最大の $10^4 = 10\,000$ となる．

最後に紹介するのは **M 系列**（Maximum-length linearly recurring sequence；線形最大周期列）を用いた乱数発生法である．M 系列とは，次の線形漸化式で表される 1 ビットの数列のことで，個々の値は 0 または 1 のどちらかである．

$$x_n \equiv x_{n-p} \oplus x_{n-q} \quad (p > q) \tag{6.24}$$

ここで演算子 $\oplus$ は，論理演算の排他的論理和（Exclusive OR）を表している．例えば，初期値 $(x_0, x_1, x_2, x_3) = (1, 0, 0, 0)$ が与えられており，$p=4$，$q=1$ であるとき，以降の数列は次のように求められる．

$x_4 = x_0 \oplus x_3 = 1 \oplus 0 = 1$

$x_5 = x_1 \oplus x_4 = 0 \oplus 1 = 1$

$x_6 = x_2 \oplus x_5 = 0 \oplus 1 = 1$

……

この計算を続けていくと $(x_{15}, x_{16}, x_{17}, x_{18}) = (1, 0, 0, 0)$ となり，以後は同じ数列が繰り返し得られることから，この M 系列の周期は 15 であることがわかる．なお，一般に M 系列の周期は $2^p - 1$ となることがわかっており，p の値を大きくす

れば周期は指数的に大きくなる．ところで，p と q の選択は非常に重要で，どのような組合せでもよいというわけではない．可能な (p, q) の組合せとしては，$(5, 2)$, $(6, 1)$, $(7, 1)$, $(9, 4)$, $(10, 3)$ などが知られている．これを理解するにはガロア体や原始多項式の説明から始めなければならないが，ここでは省略する．

6.3.2 乱数列の検定

前述のような方法で発生した擬似乱数列は，周期性をもつという意味で明らかに真の乱数ではない．仮に周期が十分に長いとしても，それは単に一様分布性を保証するものであって，無規則に並んでいることを保証するものではない．つまり，発生した乱数列については，等確率性と無規則性に関する統計的検定を行う必要がある．等確率性に関する検定としては，頻度検定がある．また，無規則性に関する検定としては，系列相関検定，組合せ検定，連の検定，ギャップ検定などがあげられる．以下，それぞれの方法を簡単に説明しよう．

（a）頻度検定

頻度検定は乱数列が一様に分布しているかどうか，つまり等確率性を調べるための最も基本的な方法である．具体的には，乱数の定義区間を複数の小区間に分割し，各区間での出現度数と理論度数を比較する．そして出現度数が理論度数から極端に乖離していなければ，この乱数列は等確率性を有すると判定される．

実際の判定には，**カイ 2 乗**（χ^2）**検定**を用いることが多い．乱数の定義区間を k 個の小区間に区切って，各クラスに入る乱数の個数を n_i $(i=1, 2, \cdots, k)$ で表すとしよう．乱数の総数を N $(N = n_1 + n_2 + \cdots + n_k)$，乱数が各区間に入る理論確率を p_i $(i=1, 2, \cdots, k)$ とするとき，**カイ 2 乗統計量**は次式で得られる．

$$\chi^2 = \sum_{i=1}^{k} \frac{(n_i - Np_i)^2}{Np_i} \tag{6.25}$$

各区間での出現度数と理論度数との乖離が大きくなるほど，この統計量も大きくなる．そこで，ある**しきい値**を設定して，χ^2 がそのしきい値以下の値ならば

　　帰無仮説：N 個の乱数は定義区間の中に等確率で出現する

を採択，しきい値を超える場合は帰無仮説を棄却することとすればよい．

例として，表 6.1 の乱数表をもとに生成した，区間 $[0, 1]$ 上の 100 個の乱数を検定してみよう（**表 6.2**）．まず，区間 $[0, 1]$ を 10 個の小区間 $[0, 0.09]$, $[0.10, 0.19]$, $\cdots$, $[0.90, 0.99]$ に分割し，各区間での出現度数を調べる（**図 6.8**）．

表 6.2 乱数表から作成した 100 個の乱数列（区間 [0, 1]）

0.93	0.90	0.60	0.02	0.17	0.25	0.89	0.42	0.27	0.41	0.64	0.45	0.08	0.02	0.70	0.42	0.49	0.41	0.55	0.98
0.34	0.19	0.39	0.65	0.54	0.32	0.14	0.02	0.06	0.84	0.43	0.65	0.97	0.97	0.65	0.05	0.40	0.55	0.65	0.06
0.27	0.88	0.28	0.07	0.16	0.05	0.18	0.96	0.81	0.69	0.53	0.34	0.79	0.84	0.83	0.44	0.07	0.12	0.00	0.38
0.95	0.16	0.61	0.89	0.77	0.47	0.14	0.14	0.40	0.87	0.12	0.40	0.15	0.18	0.54	0.89	0.72	0.88	0.59	0.67
0.50	0.45	0.95	0.10	0.48	0.25	0.29	0.74	0.63	0.48	0.44	0.06	0.18	0.67	0.19	0.90	0.52	0.44	0.05	0.85

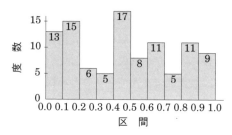

図 6.8 乱数の頻度分布図

各区間の理論確率はすべて 1/10 であるから，カイ 2 乗統計量は

$$\chi^2 = \sum_{i=1}^{10} \frac{(n_i - 10)^2}{10}$$

$$= \frac{(9+25+16+25+49+4+1+25+1+1)}{10} = 15.6 \quad (6.26)$$

となる．カイ 2 乗分布表を調べると，自由度 9（= 区間数マイナス 1），有意水準 95 % の棄却域は $(16.92, \infty)$，すなわち前述のしきい値は 16.92 となる．統計量 15.6 はこのしきい値より小さいので，帰無仮説は受け入れられ，この乱数列が等確率で出現することは認められたことになる．

（b） 系列相関検定

系列相関検定は，並んでいる乱数相互間の関係から乱数の無規則性を調べる方法である．与えられた乱数列から，並んでいる 2 個の乱数を組 (u_i, u_{i+1}) にして，前の値を x 座標，後の値を y 座標に割り当てていくと，**相関図**を描くことができる．相関図において，点のばらつきに規則性が見られなければ，この乱数列は無規則性を有するものと判定される．より厳密には，**相関分析**を行って**相関係数**の大きさで判定することになる．

一般に n 個の乱数列 $\{u_i\}$（$i=1, 2, \cdots, n$）があるとき，k 個ずつずらしてつくった乱数の組

$(u_1, u_{1+k}), (u_2, u_{2+k}), \cdots, (u_n, u_{n+k})$
に関する相関係数 r_k は次式のようになる.

$$r_k = \frac{E[u_i \cdot u_{i+k}] - (E[u_i])^2}{E[u_i^2] - (E[u_i])^2} \tag{6.27}$$

ここで，E は平均値を表す．また r_k のことを**遅れ k の系列相関係数**という．

例として，表 6.2 の乱数列をもとに $k=1$ および $k=2$ として，それぞれ 100 個の組をつくり相関図を描いたところ，どちらの場合も相関はないように見える（図 **6.9**）．

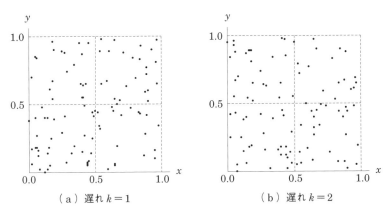

（a）遅れ $k=1$　　　　　（b）遅れ $k=2$

図 6.9　乱数の相関図

次に系列相関係数を計算したところ，$k=1$ のとき $r_k=0.239$，$k=2$ のとき $r_k=-0.104$ となり，どちらも十分に 0 に近い値，つまり無相関であることを示している．k の値をさまざまに変えていったとき，どの値に対しても無相関であることがわかれば，この乱数列の無規則性は保証されたことになる．

ところで，合同法によって生成された乱数列について遅れ k の系列相関を調べると，これらは平行な直線上に規則的に並んでしまう（図 **6.10**）．これを合同法乱数列の**二次元疎結晶構造**という．有限の周期と桁数で乱数を発生する以上，生成された乱数列が結晶構造を成すことは避けられないが，その構造が「疎」であることに留意する必要がある．このような性質は，高次元空間になるほど強くなることが知られており，**多次元疎結晶構造**と呼ばれている．

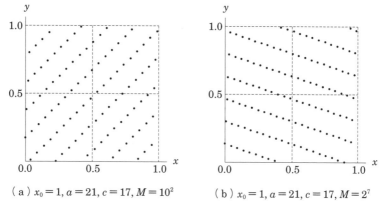

図 6.10　合同法乱数列の二次元疎結晶構造（遅れ $k=1$）

（c）組合せ検定

組合せ検定は，区間 $[0, 1]$ の乱数列から，並んでいる n 個の乱数を組として選び出し，その中で 0.5 以上の数値が m 個となる理論度数と，実際の出現度数を比較することによって，乱数列の無規則性を調べる方法である．n 個の乱数のうち 0.5 以上の数値が m 個となる確率は

$$P(X=m) = {}_nC_m\left(\frac{1}{2}\right)^n \quad (m=0, 1, 2, \cdots, n) \tag{6.28}$$

で得られる．n 個の乱数を K 組だけつくれば，0.5 以上の乱数が m 個となる理論度数は

$$K \times {}_nC_m\left(\frac{1}{2}\right)^n \quad (m=0, 1, 2, \cdots, n) \tag{6.29}$$

で得られる．ここで K を十分大きくすれば，頻度検定と同じ要領でカイ 2 乗検定を行い，乱数列の無規則性を判定することができる．

組合せ検定のもう一つの方法として，**ポーカー検定**がある．乱数列を構成する 5 個の整数（各 1 桁）を組として，それをカードゲームのポーカーの手になぞらえることからこの名前で呼ばれている．5 個の整数が取り得るパターンごとに，理論値と計測値を比較することによって，乱数列の無規則性を検定するものである．実際のポーカーでは

① *abcde*

② *aabcd*（One pair）
③ *aabbc*（Two pair）
④ *aaabc*（Three card）
⑤ *aaabb*（Full house）
⑥ *aaaab*（Four card）
⑦ *aaaaa*（Five card, Four Card＋Joker）

という7パターンに分類されるが，ポーカー検定では

① 5種類の整数：*abcde*　　　（発生確率＝0.3024）
② 4種類の整数：*aabcd*　　　（発生確率＝0.5040）
③ 3種類の整数：*aabbc*, *aaabc*（発生確率＝0.1800）
④ 2種類の整数：*aaabb*, *aaaab*（発生確率＝0.0135）
⑤ 1種類の整数：*aaaaa*　　　（発生確率＝0.0001）

とすることが多い．それぞれのパターンが起こる確率は理論的にわかっているので，試行回数を十分に大きく取れば，上と同じ要領でカイ2乗検定を行い，乱数列の無規則性を判定することができる．

（d）　連の検定

連の検定とは，乱数列の数値の並び方に何らかの規則性があるか否かを調べるものである．乱数列の並びにおいて，同じ性質をもつひと続きのかたまりを**連**，そのひと続きの個数を**連の長さ**という．例えば，次のような数列があるとき

$$AABAAAABBBBBBAABAAAB$$

A の連は四つあって長さはそれぞれ $2, 4, 2, 3$，B の連も四つあって長さはそれぞれ $1, 6, 1, 1$ である．

連の選び方にはいろいろあるが，代表的なものとして，**上昇の連**と**下降の連**がある．n 個の乱数列 $\{u_i\}$ が与えられたとき，長さ r の上昇の連は

$$u_{k-1} > u_k < u_{k+1} < \cdots\cdots < u_{k+r} > u_{k+r+1} \tag{6.30}$$

のように，乱数が r 回続けて増加する場合として定義する．下降の連も同様にして定義することができる．長さ r の連が起こる確率は

$$P_r = 2n \cdot \frac{r^2 + 3r + 1}{(n+3)!} - 2 \cdot \frac{r^3 + 3r^2 - r - 4}{(r+3)!} \quad (r = 1, 2, \cdots, n-2) \tag{6.31}$$

となることが知られている．これから計算される理論値と実際の計測値を比較することによって，乱数列の無規則性を検定することができる．

もう一つの方法として，乱数列の各値が平均値（あるいは中央値）よりも大きいか小さいかで連を定義してみよう．平均値よりも大きい場合を＋符号，小さい場合を－符号として，乱数列を符号に変換し，同じ符号が続く長さを連とする．このとき，長さ r の連が起こる確率は

$$P_r = \left(\frac{1}{2}\right)^r \tag{6.32}$$

であるから，理論値と計測値を比較して，乱数列の無規則性を検定することができる．

（e） ギャップ検定

連の検定が同じ性質をもつひと続きの個数に注目するのに対して，**ギャップ検定**は同じ数字が現れるまでの間隔に注目して，乱数列の数値の並び方に規則性がないかどうかを調べるものである．

ギャップの選び方はいくつかあるが，表 6.1 のように，乱数列を 1 桁の数字が並んだものとして見る場合には，ある数字に注目して，次に同じ数字が現れるまでの間隔を m 回計測する（隣接する場合は 0 と数える）．具体的には

9390600217258942274164450802704249415598 …

という乱数列の 0 という数値に注目したとき，ギャップ値は $T_1=1, T_2=0, T_3=17, T_4=1, …$ となる．$T_i=t$ $(i=1, 2, …, m)$ となる確率は

$$P(T_i = t) = \left(1 - \frac{1}{10}\right)^t \cdot \frac{1}{10} \quad (t = 0, 1, 2, …) \tag{6.33}$$

という**幾何分布**に従うことがわかっているので，理論値と実際の計測値を比較して，乱数列の無規則性を検定することができる．

区間 $[0, 1]$ の乱数列が与えられた場合には，小数第 1 位のある数字に注目して，その数が次に現れるまでの間隔を m 回計測すればよい．例えば，表 6.2 の乱数列において，小数第 1 位の 6 という数字に注目すると，ギャップ値は $T_1=7, T_2=12, T_3=7, T_4=2, …$ となる．

■ 演習問題

6.1 コインやサイコロを使って,「大数の法則」が成立することを確認せよ.
  (1) コイン投げの実験を 10 回, 20 回, …, 100 回と繰り返し行うことによって「表」の出る割合（相対頻度）が理論値 0.5 に近づくことを確認せよ.
  (2) 上と同じ要領でサイコロ（正六面体）投げの実験を行い,「1」の出る割合が理論値 1/6 に近づくことを確認せよ.

6.2 乱数表を使って,「中心極限定理」が成立することを確認せよ.
  (1) 適当な乱数表から, 1 桁の乱数 20 個を 1 組として 50 組, 計 1 000 個の乱数を抽出せよ.
  (2) 各組ごとに偶数（0, 2, 4, 6, 8）の個数を数えるという作業を行い, その度数分布グラフの形が, 正規分布（平均 = 10）に近くなることを確認せよ.

6.3 表 6.2 の一様乱数列（100 個の乱数）をもとにして, 特殊な分布に従う乱数列を発生せよ.
  (1) 逆関数法の例として, 式 (6.9) を用いて, $\alpha = 0.2$ の指数分布に従う乱数列を発生せよ. そして, 発生した乱数列の累積相対度数分布グラフの形が, 図 6.3 の (b) に近くなることを確認せよ.
  (2) 離散分布の例として, 式 (6.12) と式 (6.13) を用いて, $m = 4$ のポアソン分布に従う乱数列を発生せよ. そして, 発生した乱数列の累積相対度数分布グラフの形が, 図 6.4 の (b) に近くなることを確認せよ.

6.4 棄却法を用いて, 特殊な分布に従う乱数列を発生せよ.
  (1) 表 6.2 の一様乱数列を 2 個 1 組として 50 組の乱数組を抽出し, 各組の片方を区間 $[0, 10]$ の一様乱数 $\{u_i\}$ に, もう一方を区間 $[0, 0.2]$ の一様乱数 $\{v_i\}$ に線形変換せよ.
  (2) $m = 4$ のポアソン分布の確率密度が, 区間 $[0, 10]$ において 0.2 以下であることを利用して, 同分布に従う乱数列を発生せよ. そして, 発生した乱数列の累積相対度数分布グラフの形が, 図 6.4 の (b) に近くなることを確認せよ.

6.5 図 6.7 の計算を続けて行い, このようにして得られる乱数列の周期がいくつであるかを求めよ. また, 初期値を別の値に変えて, できるだけ長い周期になるケースを見つけよ.

6.6 混合合同法で発生する乱数列は, $a \equiv 1 \pmod{20}$, $c \equiv 1, 3, 7, 9 \pmod{10}$ のとき, 初期値 b とは無関係に最大周期 $M (= 10^p)$ となることを確認せよ.
  (1) $a = 1$, $b = 0$, $c = 3$, $p = 1$ として乱数列を発生し, 周期が 10 になることを確認せよ.

(2) $a=21$, $b=0$, $c=7$, $p=2$ として乱数列を発生し，周期が 10^2 になることを確認せよ．

(3) その他の a, b, c, p の組合せについても確認せよ．

6.7 初期値 $(1, 0, 0, 0, 0)$，$(p, q)=(5, 2)$ として M 系列を求め，その周期を確認せよ．次に適当な 10 ビットの初期値を与え，$(p, q)=(10, 3)$ として M 系列を求め，その周期を確認せよ．

6.8 問題 6.6 の(2)で発生した乱数列について，遅れ $k=1$ の系列相関を調べ，二次元疎結晶構造を成すことを確認せよ．

6.9 表 6.2 の一様乱数列を 10 個 1 組として，10 組の乱数組をつくり，組合せ検定を行え．他の一様乱数列についても，同じ要領で組合せ検定を行え．

6.10 表 6.1 の一様乱数列を 5 個 1 組として，40 組の乱数組をつくり，ポーカー検定を行え．次に，10 個 1 組として，20 組の乱数組をつくり，連の検定を行え．

7章
モンテカルロ法

― 本章で学ぶこと
- モンテカルロ法とは／確率的事象と決定的事象／
- モンテカルロ法とシステマティック法／モンテカルロ法で用いる乱数
- ランダムウォーク／Buffonの針／定積分の計算
- モンテカルロ法の精度／精度を高めるための手法

7.1　モンテカルロ法とシミュレーション

7.1.1　モンテカルロ法とは

　モンテカルロ法とは，乱数を用いるシミュレーション技法の総称である．したがって，不確実な要因を含む問題あるいは事象は，すべてモンテカルロ法の対象となる．一方，決定論的な問題や事象であっても，適当な確率変量を設定してその期待値の推定問題に帰着させることで，モンテカルロ法の対象となる．

　モンテカルロ法の起源は，18世紀後半に行われた「**Buffonの針**」という確率的模擬実験（次節を参照）にさかのぼることができる．このときは，針を投げる実験を実際に数千回も行ったわけだが，考え方はモンテカルロ法そのものであったといえる．コンピュータを用いる現代的な意味でのモンテカルロ法は，1940年代にフォン・ノイマン（J. von Neumann）とウラム（S. M. Ulam）が行った「核分裂における中性子の拡散現象」に関する確率的模擬実験が最初であるといわれている．賭博で有名な地＝モンテカルロに由来する名称は，このときに付けられたものである．

　モンテカルロ法の根幹にあるのは乱数であり，シミュレーションでは多くの乱数を高速に発生させる必要がある．また，シミュレーションは膨大かつ複雑な計算を伴う．この2点において，モンテカルロシミュレーションはコンピュータの性能向上とともに発展してきたといえよう．高性能なコンピュータのパーソナル化により，多くのシミュレーションが研究室や自宅でできるようになった．あるいは超高速コンピュータの出現は，従来では不可能と思われていた分野のシミュレーションを可能としたのである．

7.1.2 確率的事象と決定的事象

モンテカルロシミュレーションは，対象となる問題が**確率的事象**であっても**決定的事象**であっても適用することができる．ここでは，それぞれの事象に関する簡単な問題を取り上げて，具体的なシミュレーションの手順を見てみよう．

（a） 確率的事象の例：破産問題

破産問題というのは，有名な確率過程の問題である．2人のプレイヤA，Bがそれぞれ金貨を5枚ずつもって賭けを始める．賭けの対象はカードゲームでもジャンケンでも構わない．ゲームに勝ったプレイヤは負けたプレイヤから1枚の金貨をもらい，どちらかの金貨がなくなれば賭けは終了する，というのがルールである．プレイヤAに注目して，ゲームの回数と金貨の枚数の変化を見てみよう．

いま，勝敗が完全に運だけに左右されるものであれば，1回のゲームに勝つ確率はA・Bともに0.5である．1桁の整数 $(0, 1, 2, \cdots, 9)$ で表される乱数列があるとき，0～4の乱数が現れればAの負け，5～9が現れればAの勝ちと定義しておけば，Aの勝率0.5という確率過程を乱数列で表したことになる．では，実際に次のような乱数列を与えて，賭けのシミュレーションを行ってみよう．

$$9, 3, 9, 0, 6, 0, 0, 2, 1, 7, 2, 5, 8, 9, 4, \cdots \tag{7.1}$$

表7.1は，乱数表から取り出した乱数列をもとにゲームの勝敗を判定し，プレイヤAの勝敗と金貨の枚数に置き換えたものである．

表7.1 プレイヤAの勝敗と金貨の枚数

ゲーム回数	0	1	2	3	4	5	6	7	8	9	10	11	12	13	14	15	⋯
Aの勝敗		勝	負	勝	負	勝	負	負	負	勝	負	勝	勝	勝	勝	負	⋯
金貨の枚数	5	6	5	6	5	6	5	4	3	2	3	2	3	4	5	4	⋯

このときの勝敗は一進一退で，15回のゲームを終えても金貨は1枚減っただけで，賭けはまだまだ終了しそうにない．では別の乱数列を与えて，シミュレーションをやり直してみよう．

$$9, 5, 1, 6, 6, 1, 8, 9, 7, 7, 4, 7, 1, 4, 1, \cdots \tag{7.2}$$

式 (7.2) の乱数列をもとにゲームの勝敗を判定し，プレイヤAの勝敗と金貨の枚数に置き換えてみると，たった9回のゲームを終えたところでAの金貨が10枚，つまりBが破産して，賭けは終了することがわかる．このように，他の条件

が全く同じであっても，乱数列の与え方によってシミュレーションの結果が全く異なるのが，モンテカルロ法の特徴である．

なお破産問題に関しては，2人の勝率が異なる場合，あるいは2人の最初の所持金が異なる場合について，一般的な理論解が得られている．プレイヤAの勝率がpで最初の所持金はa，プレイヤBの勝率が$q(=1-p)$で最初の所持金はbであるとき，最終的にプレイヤAが勝つ（プレイヤBが破産する）確率は次式のようになる．

$$\left.\begin{array}{ll} P_A = \dfrac{1-(q/p)^a}{1-(q/p)^{a+b}} & (p \neq q) \\ P_A = \dfrac{a}{a+b} & (p = q) \end{array}\right\} \quad (7.3)$$

（b） 決定的事象の例：円周率 π の近似値

半径1の円と，それに外接する正方形を描いて，その第1象限$(0<x, 0<y)$だけに注目してみよう（図 **7.1**）．

4分の1に切り取った正方形と円の面積はそれぞれ1と$\pi/4$，すなわち面積比は$4:\pi$である．この正方形の中にランダムにN個の点を落としていき，R個が円内に入ったとすれば，次のような近似式が成立する．

$$N : R \cong 4 : \pi \quad (7.4)$$

つまり，点の数Nを十分大きくしていけば，円周率πは次式で近似されることになる．

$$\pi \cong \frac{4R}{N} \quad (7.5)$$

乱数を使って円周率πを求めるために，この問題をモデル化してみよう．区間

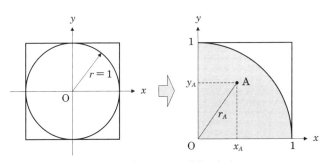

図 7.1 半径1の円と外接正方形

[0, 1] の一様乱数（0.00～0.99）を，二つずつ (x, y) のように組にしていけば，これは 4 分の 1 に切り取った正方形内に分布する点を表す．そして円の半径と点の座標との関係から

$$\sqrt{x^2+y^2}<1 \tag{7.6}$$

のとき，点は円内にあり

$$\sqrt{x^2+y^2}\geqq 1 \tag{7.7}$$

のときは，点は円外にあることがわかる．つまり，N 組の点を乱数で生成し，式 (7.6) を満たす点の数 R を計測すれば，円周率 π の近似値が得られる．

そこで，表 6.1 の乱数から 2 桁ずつ 100 個の乱数を抽出し，次のように 50 個（$=N$）の点の座標に変換して，シミュレーションを行った（**表 7.2**）．

表 7.2　100 個の乱数から 50 個の点を生成

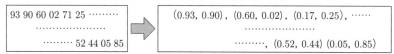

その結果，円内に入った点の数は 42($=R$) であった．したがって，円周率 π の近似値は 3.36($=4\times 42\div 50$) となる．

別の乱数発生器（Excel VBA の Rnd 関数を用いて 0.00～0.99 の乱数を発生）を用いて 1000 個の点を生成し，N が大きくなるにつれて π の近似値が変化する様子を調べてみた結果が**表 7.3** である．点の総数 N が 500 に達するあたりまでは，近似値も順調に真の値（3.1415926…）に近づき，シミュレーションの精度が向上している．しかし，N が 1000 を超えると，近似値の精度は逆に低下しているように見える．このように，シミュレーションの回数を増やしたからといって，必ずしも精度が向上するとは限らない点に，モンテカルロ法の評価の難しさがある．

表 7.3　モンテカルロ法による円周率 π の近似値

N の数	50	100	200	300	400	500	1 000	10 000
R の数	45	81	159	233	313	391	776	7 937
π の近似値	3.60	3.24	3.18	3.11	3.13	3.13	3.10	3.17

7.1.3 モンテカルロ法とシステマティック法

前項で行った円周率 π の近似値を求めるモンテカルロシミュレーションでは，乱数のランダム性はあまり重要な意味をもたず，区間 $[0, 1]$ における一様性さえ満たしていればよい．つまり，正方形内に分布する点を乱数で生成する代わりに，正方形を縦横 m 等分にして，均等に分布する $N=(m+1)^2$ 個の交点を用いてもよいわけである．それらの点のうち円内にある点の数 R を計測し，式 (7.5) で円周率 π の近似値を求めるというアルゴリズムは同じである．このように，乱数を使わなくても実行できるシミュレーションが，**システマティックシミュレーション**である．

一般的には，確率的事象に対しては**モンテカルロ法**，決定的事象に対しては**システマティック法**という分け方になる（**図 7.2**）．先ほどと同じアルゴリズムに従って，システマティック法を用いて円周率 π の近似値を求めた結果を**表 7.4** にまとめた．システマティック法によれば，N の増加とともに，近似値の精度は確実に上がっていく．ところが，モンテカルロ法では $N=400$ のときに $\pi \fallingdotseq 3.13$ という近似値が得られていたのに対して，システマティック法では $N=10\,201$ のとき，ようやく $\pi \fallingdotseq 3.12$ という近似値が得られている．

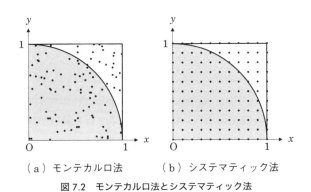

（a）モンテカルロ法　　（b）システマティック法

図 7.2　モンテカルロ法とシステマティック法

表 7.4　システマティック法による円周率 π の近似値

1 辺の分割数	5	10	20	30	50	100
N の数	36	121	441	961	2 601	10 201
R の数	22	86	331	732	2 006	7 949
π の近似値	2.44	2.84	3.00	3.05	3.08	3.12

このように，決定的事象についてもシステマティック法で解析するよりモンテカルロ法を用いたほうが，ばらつきの小さい解が得られる，あるいは計算時間が短縮される場合がある．そのような確率モデルを構築し，解法を見いだすところにモンテカルロ法の意義があるといえよう．

7.1.4　モンテカルロ法で用いる乱数

モンテカルロシミュレーションを実行するためには，多くの乱数を発生する必要がある．また同じ実験結果を得るためには，再現可能な乱数列を用いることが望ましい．そこで，本章では Excel VBA（Visual Basic for Applications）の **Rnd 関数**を用いることとした．Rnd 関数が発生する乱数列は区間 $[0, 1]$ の一様乱数で，小数以下 15 桁，周期 2^{24} というものである．例えば，Excel VBA で，0.00〜0.99（小数 2 桁）の再現可能な乱数を 1 000 個発生してワークシートに出力するには，**リスト 7.1** のような命令を実行すればよい．

リスト 7.1　再現可能な乱数を発生する Excel VBA のコード

```
Rnd （-1）
Randomize （Seed）
For　i＝1 To 1000
    rr＝Int （Rnd （ ） * 100)/100
    Cells (i, 1)＝rr
Next　i
```

再現可能な乱数列を発生するためには，最初の 2 行を続けて実行しておくことが重要で，変数 seed には任意の整数または実数を与えればよいが，本書では特にことわらない限り，seed＝1 としている．

ところで，Excel には乱数を発生させるワークシート関数 **Rand 関数**が存在する．上の Rnd 関数が VBA プログラムの中でしか利用できないのに対して，Rand 関数はワークシートのセルに直接書き込めるので，簡単に利用することができる．ただし，Rand 関数を使って発生する乱数列には再現性がないため，ここでは VBA の Rnd 関数の利用を推奨している．

7.2 モンテカルロシミュレーションの例題

7.2.1 ランダムウォーク

　両側が川で挟まれた幅10mの道路があるとしよう．最初は道路の中央にいた酔っ払いが，一歩進むごとに右へ1m寄る確率が0.5，左へ1m寄る確率が0.5であるとき，酔っ払いが右側の川に落ちる確率を求めるという問題を考えてみよう．道路の左端からの距離をプレイヤAの金貨枚数，右端からの距離をプレイヤBの金貨枚数と置き換えれば，この問題は，前節で紹介した破産問題と全く同じであることがわかる．酔っ払いが右側の川に落ちるということは，プレイヤBが破産することと同じ意味となる．

　このように，物体（人，粒子など）の移動する方向が確率的に与えられており，時間の経過とともにその動きを追うような問題を，**ランダムウォーク**という．ランダムウォーク問題はもともと，植物学者R. Brownによって19世紀初めに発見されたブラウン運動（水に浮かぶ花粉の不規則な運動）をシミュレートするためにモデル化されたものである．最近では，電気や熱などエネルギーの伝播，情報の伝達や物資の流れなどの解析にも応用されている．

　先の例のように，酔っ払いの動きを左右（一次元）の移動方向に限定する場合は，特に**直線上のランダムウォーク**と呼ばれる．ところで，この種の問題では，一度到達したら他の状態に移れなくなることを**吸収**，その状態を**吸収状態**という．破産問題でプレイヤBが破産した状態，ランダムウォーク問題で酔っ払いが川に落ちた状態がこれに該当する．

　平面上（二次元）のランダムウォーク問題において，最も基本的な考え方は次のようなものである．広い街に格子状の道路があり，酔っ払いが交差点にさしかかると，一定の確率で前後左右のいずれかに進んで次の交差点まで到達するとき，N回進んだ後の酔っ払いの位置は，スタート地点からどれだけ離れているだろうか．では，この問題に対して，具体的にモンテカルロシミュレーションを適用してみよう．

（a） 無限領域で方向別の確率が異なる場合

　酔っ払いが交差点に到達したとき，前後左右の進行方向に対して同じ確率を割り当てるのは一般的ではない．ここでは，前方（進行方向と同じ）に進む確率を0.5，左方または右方に曲がる確率をそれぞれ0.2，後方に戻る確率を0.1とする．

これを区間 [0, 1] の一様乱数で表現するには，乱数の値が 0.00〜0.49 なら前，0.50〜0.69 なら右，0.70〜0.89 なら左，0.90〜0.99 なら後，というように割り当てればよい．実際に Excel VBA で発生した乱数列（seed＝1）をもとに，16 回の歩行をシミュレーションした結果が図 7.3 である．

回数	乱数	方向
1	0.33	前
2	0.06	前
3	0.59	右
4	0.76	左
5	0.18	前
6	0.53	右
7	0.32	前
8	0.39	前

回数	乱数	方向
9	0.07	前
10	0.83	左
11	0.85	左
12	0.82	左
13	0.96	後
14	0.83	左
15	0.09	前
16	0.64	右

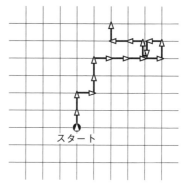

図 7.3　二次元のランダムウォーク：境界がない場合

（b）有限領域で吸収壁がある場合

街の領域が有限で，街の境界に到達した時点で吸収されて歩行を中止する場合を考えてみよう．このような境界のことを**吸収壁**という．スタート地点から前後左右とも 5 区画目に吸収壁があるものとして，上と同じシミュレーションを行ったとき，9 回目の歩行が終わった段階で酔っ払いは東端の吸収壁に当たり，以降の歩行は行われなくなる．

（c）有限領域で反射壁がある場合

街の領域が有限で街の境界に到達したとしても，3 方向または 2 方向への歩行なら継続できる場合を考えてみよう．このような境界のことを**反射壁**という．

スタート地点から前後左右とも 5 区画目に反射壁があるものとして，反射壁に突き当たっている場合，あるいは反射壁に沿っている場合の進行方向に関する確率分布を図 7.4 のように定義しておく．

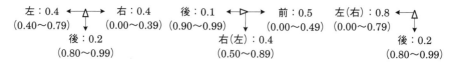

図 7.4　反射壁がある場合のランダムウォークの確率分布

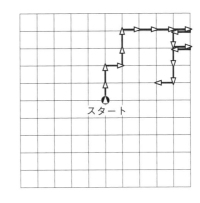

回数	乱数	方向
1	0.33	前
2	0.06	前
3	0.59	右
4	0.76	左
5	0.18	前
6	0.53	右
7	0.32	前
8	0.39	前
9	0.07	前
10	0.83	後
11	0.85	左
12	0.82	左
13	0.96	後
14	0.83	左
15	0.09	前
16	0.64	右

〔注〕網掛けの部分は，物体（人）が境界に接していて，方向の確率分布が変わったことを示している

図 7.5　二次元のランダムウォーク：反射壁のある場合

この確率分布に従って，Excel VBA で発生した乱数列（seed＝1）をもとに，16回の歩行をシミュレーションした結果が図 7.5 である．(a)項の例では，スタート地点から 8 区画離れたところまで到達したのに対して，今回は 4 区画しか離れていない．このような試行を多数回繰り返し，その結果を比較することによって，ランダムウォーク問題の解が導かれていく．

7.2.2　Buffon の針

モンテカルロ法の起源といわれる「**Buffon の針問題**」は，多くの平行線が等間隔（間隔＝$2a$）に引かれた床の上に，長さ $2l$ の針をランダムに落とすとき，針が平行線と交わる確率 P は

$$P = \frac{2l}{a\pi} \tag{7.8}$$

で与えられるというものである．

平行線が無数にあると仮定すれば，針の中点 M が特定の 2 本の平行線の間に落ちた場合だけを扱えばよい（**図 7.6**）．そして，図形の上下対称性から，中点 M が 2 本の平行線の中心線より上側にある場合だけを考え，距離 x は区間 $[0, a]$ に一様分布するものとする．さらに図形の回転対称性から，角 θ については区間 $[0, \pi/2]$ に一様分布すると考えればよいことがわかる．したがって，x と θ の確率密度はそれぞれ

$$p(x) = \frac{1}{a} \quad (0 \leq x \leq a) \tag{7.9}$$

$$q(\theta) = \frac{2}{\pi} \quad \left(0 \le \theta \le \frac{\pi}{2}\right) \tag{7.10}$$

となる．一方，針が平行線と交わるための条件は $x \le l\cos\theta$ であるから

$$P = \int_0^{\pi/2} \int_0^{l\cos\theta} p(x) q(\theta) dx d\theta = \frac{2l}{a\pi} \tag{7.11}$$

が得られる．

Buffonの針問題は，平行線に対して針を落とすという確率的模擬実験を多数回繰り返せば，その結果として得られる相対度数 $\hat{P}$ は理論値 P に近づいて，円周率の近似値

$$\hat{\pi} = \frac{2l}{a\hat{P}} \tag{7.12}$$

が得られることを示している．図7.6（右）の実験例では，長さ $2l(=2a)$ の針20本を落としたところ，13本が平行線と交わっているので，針が平行線と交わる相対度数 $\hat{P}$ は 0.65(=13/20) である．したがって，円周率 π の近似値は 3.08(=2/0.65) となる．

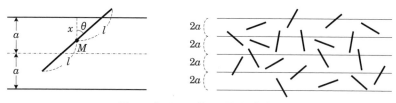

図 7.6 「Buffon の針」の原理と実験例

7.2.3 定積分の計算

曲線 $y = f(x)$ があるとき，区間 $[a, b]$ における定積分

$$I = \int_a^b f(x) dx \tag{7.13}$$

の値を求める方法を考えてみよう．基本的な考え方は，7.1節で紹介した円周率 π の近似値の求め方と同じである（**図7.7**）．

区間 $[a, b]$ 上で常に $h \ge f(x)$ となるような h を定めると，図中の矩形（$a \le x \le b$, $0 \le y \le h$）の面積と定積分値の比は，$(b-a)h : I$ となる．この矩形の中にランダムに N 個の点を落としていき，R 個が網掛けの領域に入ったとすれば，次のよう

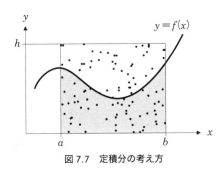
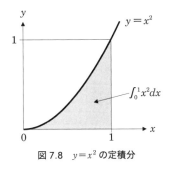

図 7.7 定積分の考え方   図 7.8 $y=x^2$ の定積分

な近似式が成立する．
$$N : R \cong (b-a)h : I \tag{7.14}$$
つまり，点の数 N を十分大きくしていけば，定積分値の近似値
$$\hat{I} = (b-a)h\frac{R}{N} \tag{7.15}$$
が得られる．

乱数を使ってこの値を求めるアルゴリズムは，次のとおりである．まず，区間 $[a, b]$ 上の一様乱数から一つ，区間 $[0, h]$ 上の一様乱数から一つを選んで，(x, y) という組をつくっていけば，これは矩形内に分布する点を表すことになる．次に $f(x)$ の値を計算し
$$y \leqq f(x) \tag{7.16}$$
であれば網掛けの領域に入っているので，R に 1 を加算する．このようにして，N 組の点を乱数で生成し，式 (7.16) を満たす点の数 R を計測して，式 (7.15) に当てはめればよい．

もう一つのアルゴリズムは統計的サンプリングを応用したものである．区間 $[a, b]$ 上の一様乱数 x_i を取り出して $f(x_i)$ を計算する，という操作を N 回繰り返すならば，定積分の近似値は次式
$$\hat{I} = \frac{(b-a)}{N}\sum_{i=1}^{N} f(x_i) \tag{7.17}$$
で得られる（説明は省略）．

図 7.8 の定積分に対して，二つのアルゴリズムを適用して，シミュレーションを行った結果が表 7.5 である．ここでは Excel VBA の Rnd 関数を用いて 0.000〜0.999（小数 3 桁）の乱数を発生させており，上段の近似値は前者のアルゴ

表 7.5 モンテカルロ法による定積分の近似値

Nの数	50	100	200	300	400	500	1 000	10 000
Rの数	12	25	58	94	123	168	343	3 341
Iの近似値（方法1）	0.240	0.250	0.290	0.313	0.308	0.336	0.343	0.334
Iの近似値（方法2）	0.256	0.312	0.325	0.336	0.326	0.333	0.343	0.333

リズム，下段の近似値は後者のアルゴリズムによるものである．解析的に導かれる正しい値は

$$\int_0^1 x^2 dx = \left[\frac{1}{3}x^3\right]_0^1 = \frac{1}{3} = 0.333\cdots \tag{7.18}$$

であるから，後者のほうが早い段階で良い近似値が得られているものの，どちらの方法によっても，Nが増えるに従って正しい値に近づくことがわかる．

7.3　モンテカルロシミュレーションの精度

7.3.1　モンテカルロ法の精度

　モンテカルロ法の本質は，統計的サンプリングによる推定法であるから，モンテカルロシミュレーションで得られる結果の**精度**は，シミュレーション回数（サンプル数）との間に密接な関係がある．

　確かに，円周率πの近似値の推定結果（表 7.3）を見ても，定積分の近似値の推定結果（表 7.5）を見ても，50回よりは100回，100回よりは200回のシミュレーションのほうが，より正確な値に近づいている．ところが回数を，500，1 000，10 000と増やしていっても，それほど精度は向上せず，逆に正確な値から乖離することすらある．いったい，何回のシミュレーションを行えば適当なのか，あるいは得られた数値にはどれほどの信頼性があるのかを考えてみよう．

　図7.8の定積分を求める実験は，次のように言い換えることができる．

7.3 モンテカルロシミュレーションの精度

> 1×1 の矩形領域に無数の点が存在し，網掛け領域の正確な面積は P（未知）であるとする．矩形領域の中からランダムに N 個の点を取り出したところ，R 個が網掛け領域内の点であるとき，P の推定区間を求めよ．

網掛け領域内から点を取り出すことを仮に「合格」と呼ぶことにすると，合格数はパラメータ (N, P) の二項分布に従うと考えることができる．このとき，合格数の平均値（期待値）m と標準偏差 σ は

$$\left. \begin{array}{l} m = NP \\ \sigma = \sqrt{NP(1-P)} \end{array} \right\} \tag{7.19}$$

そして合格率（＝合格数／総数）の平均値 m_p と標準偏差 σ_p は

$$\left. \begin{array}{l} m_p = \dfrac{m}{N} = P \\ \sigma_p = \dfrac{\sigma}{N} \sqrt{\dfrac{P(1-P)}{N}} \end{array} \right\} \tag{7.20}$$

となる．したがって，実験結果から得られる合格率を $\hat{P}(=R/N)$ として，中心極限定理の考え方を適用すると，P の推定区間は次式で与えられる．

$$P \text{ の推定区間} = \hat{m}_p \pm \hat{\sigma}_p = \hat{P} \pm a \cdot \sqrt{\dfrac{\hat{P}(1-\hat{P})}{N}} \tag{7.21}$$

ただし，a は t 値と呼ばれる統計量で，**t 検定**ではこの値を t 分布のパーセント点と比較して検定を行う．例えば，95％信頼区間を得たいときは $a=1.9600$，90％信頼区間を得たいときは $a=1.6449$ と置けばよい．

表 7.5 において，$N=50$，$R=12$ から得られた $\hat{P}=0.240$（I の近似値に等しい）を使って，P の 90％信頼区間を求めると

$$P \text{ の } 90\% \text{ 信頼区間} = 0.240 \pm 1.6449 \sqrt{\dfrac{0.240(1-0.240)}{50}}$$

$$\cong 0.240 \pm 0.099 = 0.141 \sim 0.339 \tag{7.22}$$

つまり，正確な P の値が 90％の確率で 0.141～0.339 の間に存在することを意味している．実際に $P=0.333\cdots$ はこの範囲に存在しているので，モンテカルロ法による実験の正しさが裏づけられたことになる．

7.3.2　精度を高めるための手法

前項の定積分の問題において，100 回の実験でちょうど $\hat{P}=0.333\cdots$ が得られたとしよう．当然この値も誤差を含んでいるので，式 (7.21) を使って P の 90％信頼区間を求めると

$$P \text{ の } 90\text{％信頼区間} \cong 0.3333 \pm 0.0775 = 0.2558 \sim 0.4108 \tag{7.23}$$

となる．つまり，$\hat{P}=0.333$ が得られたのはほとんど偶然によるもので，正確な値との誤差は ±23％ の範囲にあることになる．ここでもう一度式 (7.21) を見てみると，計算結果の**相対誤差**は $1/\sqrt{N}$ に比例していることがわかる．したがって，誤差を 1/10 に減らす（精度を 10 倍にする）ためには N を 100 倍にしなければならない．そして，仮に 10 000 回の実験で $\hat{P}=0.333\cdots$ が得られたとしても，なお ±2.3％ の誤差を含むことも知っておく必要がある．

このように，モンテカルロ法の精度を向上させるための基本的な考え方は，多数回の実験を繰り返すことと，それを高速に処理できるアルゴリズム・実験環境を用意することであるが，それ以外にもいくつかの手法があるので，簡単に紹介しておこう．

一つは**層別サンプリング**という考え方である．これは，図 7.7 のような定積分の近似値を推計する場合，区間 $[a, b]$ を点 c で区切って，区間 $[a, c]$ と $[c, b]$ に分けて近似値を求めるものである．この方法は，$f(x)$ の平均値が区間 $[a, c]$ と区間 $[c, b]$ で大きく異なる場合，すなわち値の変動の大きな関数に対して，サンプル数を節約しながら一定の精度を得るという意味で有効である．

もう一つは実験に用いる乱数の種類を変えることである．一般に，モンテカルロシミュレーションを行う場合，一様乱数を用いる．しかし，対象となる問題（モデル）によっては，特殊な分布に従う乱数が必要な場合があり，その場合でも 6 章で述べたように，一様乱数から変換して用いるのが基本である．しかしながら，ある種の数値計算（多重積分など）においては，一様ではなくある種の規則性をもった**準乱数**と呼ばれる特殊な乱数を用いることがある．これによって，計算結果の相対誤差は $1/\sqrt{N}$ のオーダではなく，$1/N$ あるいはさらに高次のオーダに縮小できる場合があることも知られている．

演習問題

7.1 式（7.3）を用いて，破産問題のシミュレーションでプレイヤ A が勝つ（プレイヤ B が破産する）確率を求めよ．
(1) プレイヤ A とプレイヤ B の勝率が同じで，A の所持金が B の 2 倍の場合．さらに，同じ条件で A の所持金が B の 3 倍の場合．
(2) プレイヤ A と B の所持金が同じで，A の勝率が 0.6 の場合．さらに，同じ条件で A の勝率が 0.7 の場合．

7.2 7.1 節で紹介したモンテカルロ法を用いて，円周率 π の近似値を求め，その結果を表 7.3 にならって整理せよ．
なお，乱数の発生には再現性のある Excel VBA の Rnd 関数を用いることが望ましいが，ワークシート関数の Rand 関数を用いてもよい（以下同じ）．

7.3 表 6.2（6 章参照）の乱数列を用いて，ランダムウォークのシミュレーションを行え．
(1) 無限領域の場合．ただし，交差点に達したときに各方向へ進む確率は，前方 0.5，後方 0.1，左方 0.2，右方 0.2 とする．
(2) スタート地点から前後左右とも 5 区画目に吸収壁がある場合．ただし，交差点に達したときに各方向へ進む確率は，(1)と同じとする．
(3) スタート地点から前後左右とも 5 区画目に反射壁がある場合．ただし，交差点に達したときに各方向へ進む確率は，図 7.4 に従うものとする．

7.4 「Buffon の針」の原理を用いてモンテカルロシミュレーションを行い，円周率 π の近似値を求めよ．
(1) 表 6.2 の一様乱数列を 2 個 1 組として 50 組の乱数組を抽出し，各組の片方は区間 $[0,1]$ のままの一様乱数 $\{x_i\}$ に，もう一方を区間 $[0, \pi/2]$ の一様乱数 $\{\theta_i\}$ に線形変換せよ．
(2) 針の長さ $2l=2$，平行線の間隔 $2a=2$ とすれば，針が平行線と交わるための条件は $x_i \leq \cos\theta_i$ である．50 組の乱数組のうち何組がこの条件を満たすかを求め，式（7.12）を用いて円周率 π の近似値を計算せよ．

7.5 モンテカルロ法を用いて，区間 $[0, \pi/2]$ における $f(x)=\cos x$ の定積分の近似値を求め，その結果を表 7.5 にならって整理せよ．
(1) 式（7.15）を用いるアルゴリズムを考え，近似値を計算せよ．
(2) 式（7.17）を用いるアルゴリズムを考え，近似値を計算せよ．

7.6 モンテカルロ法を用いて，標準正規分布 $N(0,1)$ の確率密度関数から，区間 $[0, t]$ における累積確率（定積分値）を計算し，理論値（**表 7.6**）と比較せよ．

表 7.6

t	0.0	0.5	1.0	1.5	2.0	2.5	3.0
累積確率	0.000	0.192	0.341	0.433	0.477	0.494	0.499

8章
在 庫 管 理

―― 本章で学ぶこと
- 在庫管理と在庫問題／在庫管理の基本モデルと経済的発注量／品切れ損失を含むモデル／需要分布と安全在庫
- 定量発注方式（発注点方式）／定期発注方式／ABC分析（発注方式の決め方）
- 新聞売子問題／品切れ損失を含む在庫管理のモデル化

8.1 在庫管理の基礎知識

8.1.1 在庫管理と在庫問題

在庫管理とは，原材料や商品などの在庫量を適正に保つよう計画・管理することである．製造業の生産部門では原材料や部品の在庫，出荷部門では完成品の在庫，卸売業や小売業などの販売部門では商品の在庫が必要である．在庫が少なすぎれば受注に応じられずに利益を失うし，在庫が多すぎれば保管費用などがかさんで損失となる．つまり，在庫問題とは在庫費用を最小化しながら，在庫切れや過剰在庫が起こらないよう，発注時期と最適発注量を決める問題である．

在庫管理における主たる管理要因は発注時期（間隔）と発注量であり，それぞれを一定とするか変化させるかによって，いくつかの在庫管理方式が考えられる．最も単純な例として，需要が一定である商品を仕入れて販売する状況を考えてみよう．この場合は，一定の発注間隔ごとに一定の発注量で商品を仕入れるという方法が合理的であり，このような方式のことを**定期定量発注方式**という．

しかしながら，実際の状況で商品の需要が一定になることはないので，発注時期あるいは発注量のどちらか一方を固定して，他方をコントロールする方法が現実的である．そして，発注時期を固定する方法を**定期発注方式**，発注量を固定する方法を**定量発注方式**（または**発注点方式**）という．どちらの方法を適用すべきかは，在庫管理の対象となる在庫品の特性によって決められる．

8.1.2 在庫管理の基本モデルと経済的発注量

在庫品の需要率が一定であれば，一定の間隔で一定量の発注を行えばよい．このような方式は**定期定量発注方式**と呼ばれ，在庫管理の最も基本的なモデルであ

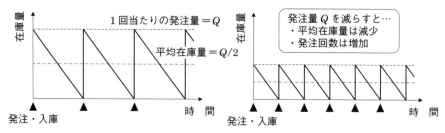

図 8.1　在庫管理の基本モデル：定期定量発注方式

る．ここでは，問題をさらに単純化するために，在庫量が 0 になったときに発注を行い，発注と同時に一定量 Q が納入されるものとすると，在庫量の時間変動は**図 8.1** のようになる．なお，平均在庫量は，期首在庫（$=Q$）と期末在庫（$=0$）の平均値，すなわち $Q/2$ で与えられる．

ところで，在庫品を発注すれば発注回数に応じた発注費用が，保管すれば在庫量に応じた保管費用が発生する．つまり，発注回数を少なくして 1 回の発注量を増やすと保管費用がかさみ，発注回数を多くして 1 回の発注量を減らすと発注費用がかさむことになる．そこで，総在庫費用を最小にする発注量と発注サイクルについて考えてみよう．なお，このような最適発注量のことを，**経済的発注量**（**EOQ：Economic Order Quantity**）という（**図 8.2**）．

いま，次のように記号を定める．

　R：在庫品の年間総需要
　Q：1 回当たりの発注量
　C_0：1 回当たりの発注費用
　C_1：商品 1 単位当たりの年間保管費用
　C：総在庫費用（= 年間発注費用 + 年間保管費用）

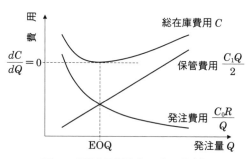

図 8.2　経済的発注量（EOQ）の決め方

年間発注回数は R/Q, 年平均在庫量は $Q/2$ であるから, 年間の総在庫費用は次式で表される.

$$C = \frac{C_0 R}{Q} + \frac{C_1 Q}{2} \tag{8.1}$$

C を最小にする最適発注量 Q^* は, $dC/dQ=0$ を解くことによって得られる.

$$Q^* = \sqrt{\frac{2C_0 R}{C_1}} \tag{8.2}$$

この Q^* を式 (8.1) に代入すると, 総在庫費用の最小値 C^* は次のようになる.

$$C^* = \frac{C_0 R}{Q^*} + \frac{C_1 Q^*}{2} = \sqrt{2RC_0 C_1} \tag{8.3}$$

在庫管理システムを経済的に運用するためには, 1回当たりの発注量 Q が経済的発注量 Q^* となるよう, **発注サイクル**（発注から次の発注までの期間）を設定することが望ましい. 例えば, 年間総需要から導いた経済的発注量が3 000個で, 月間平均需要が1 000個であるとき, 発注サイクルを

$$3\,000 \div 1\,000 = 3\,\text{か月}$$

とすれば, 1回当たりの発注量 Q を経済的発注量 Q^* に一致させることができる. つまり, 月間平均需要を $\overline{D}$ とすると, 最適発注サイクル t^* は次式で表される.

$$t^* = \frac{Q^*}{\overline{D}} = \sqrt{\frac{2C_0 R}{C_1}} \Big/ \overline{D} \tag{8.4}$$

経済的発注量を与える式 (8.2) は一般に **EOQ公式**と呼ばれるが, この手法はハリス (F. W. Harris) とウィルソン (R. H. Wilson) の功績によるところが大きいことから, **ハリスの経済的ロット公式**, あるいは**ウィルソンのロット公式**と呼ばれることもある.

8.1.3　品切れ損失を含むモデル

次に, 基本モデルに対して, **品切れ**も許されるという条件を付加した在庫管理モデルを考えてみよう. 一般に品切れという状態が起こると, 機会損失費用や外注費用などの**品切れ損失**が発生する. それでも, 品切れを恐れて過剰な在庫をもつよりは, 一定の品切れ状態を許したほうが合理的と判断される場合があり得る. このとき, 品切れ損失を含む総費用を最小にする発注量と期首在庫量を求めることが, このモデルの目標となる.

まず，基本モデルにならって次のように記号を定める．

R ：在庫品の年間総需要
S ：期首在庫量
Q ：1回当たりの発注量
C_0 ：1回当たりの発注費用
C_1 ：商品1単位・1年間当たりの保管費用
C_2 ：商品1単位・1年間当たりの品切れ損失
C ：総在庫費用（＝年間発注費用＋年間保管費用＋年間品切れ損失）

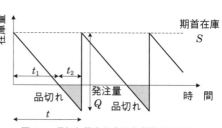

図8.3 品切れ損失を含む在庫管理モデル

発注サイクルを t とすると，図8.3より，在庫の保管費用がかかる期間 t_1 と品切れ損失の発生する期間 t_2 は，それぞれ次式で与えられる．

$$t_1 = \frac{S}{Q}t, \quad t_2 = \frac{Q-S}{Q}t \tag{8.5}$$

基本モデルの考え方に従うと，年間発注費用と年間保管費用との和は

$$C_0 \times \frac{R}{Q} + C_1 \times \frac{S}{2} \times \frac{t_1}{t} = \frac{C_0 R}{Q} + \frac{C_1 S^2}{2Q} \tag{8.6}$$

となる．一方，品切れ損失は

$$C_2 \times \frac{Q-S}{2} \times \frac{t_2}{t} = \frac{C_2(Q-S)^2}{2Q} \tag{8.7}$$

となるので，総在庫費用 C は Q と S の関数として次式のように表される．

$$C(Q,S) = \frac{C_0 R}{Q} + \frac{C_1 S^2}{2Q} + \frac{C_2(Q-S)^2}{2Q} \tag{8.8}$$

これを最小化する Q^* と S^* は，それぞれ $\partial C(Q,S)/\partial Q = 0, \partial C(Q,S)/\partial S = 0$ を解くことによって，次のように得られる．

$$Q^* = \sqrt{\frac{2C_0(C_1+C_2)R}{C_1 C_2}} \tag{8.9}$$

$$S^* = \sqrt{\frac{2C_0 C_2 R}{C_1(C_1+C_2)}} \tag{8.10}$$

また，このときの総在庫費用 C^* は次式で与えられる．

$$C^* = \frac{C_0 R}{Q^*} + \frac{C_1 S^{*2}}{2Q^*} + \frac{C_1(Q^*-S^*)^2}{2Q^*} = \sqrt{\frac{2C_0 C_1 C_2 R}{C_1+C_2}} \tag{8.11}$$

8.1.4 需要分布と安全在庫

在庫管理の基本モデルでは，在庫品の需要率は一定であり，なおかつ発注と同時に在庫品は納入されるものと考えた．しかしながら，実際の需要にはバラツキがあり，しかも在庫品を発注してから納入されるまでいくらかの**リードタイム**（調達期間）がかかる．在庫品の品切れによる損失を避けるためには，これらの要因を考慮した余分な在庫＝**安全在庫**を保持しておく必要がある．

ところで，安全在庫を大きくすれば品切れの損失（確率）は小さくなるが，在庫費用は増大する．逆に，安全在庫を小さくすれば在庫費用は減少するが，品切れの損失（確率）は大きくなる．つまり，安全在庫は品切れの損失と在庫費用とのバランスによって決定される（図 8.4）．

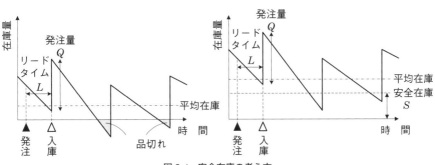

図 8.4 安全在庫の考え方

一般に，需要の変動は正規分布に従うものと考えられる．そこで単位期間（1週間，1か月など）当たりの需要量が平均 $\overline{D}$，標準偏差 σ の正規分布 $N(\overline{D}, \sigma^2)$ に従って変動するものとしよう．さらに，在庫品の発注から入庫まではリードタイム L という期間が必要で，その期間中にも需要があって在庫量は減り続ける．つまり，品切れが起こらないようにするためには，平均需要を上回る在庫量として安全在庫 S をもたなければならない（図 8.5）．

安全在庫を決める基準は，例えば 100 回の調達のうち 95 回は品切れを起こさないようにする，というものである．具体的には，安全在庫 S は需要の標準偏差 σ の倍数で表され，この倍数（次式における α）のことを**安全係数**という．

$$S = \alpha \cdot \sigma \tag{8.12}$$

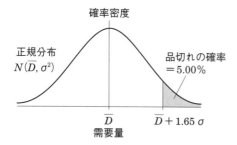

安全係数	品切れの確率〔%〕
3.00	0.13
2.33	1.00
2.00	2.28
1.65	5.00
1.28	10.00
1.00	15.87

図 8.5　安全係数と品切れの確率

8.2　定量発注方式と定期発注方式

8.2.1　定量発注方式（発注点方式）

定量発注方式とは，在庫量がある水準＝**発注点** K まで減少した時点で，一定の発注量 Q を発注する方式である．需要は正規分布に従って変動するものと考え，在庫品の発注から入庫まではリードタイム L が必要であるとしたとき，在庫量の時間変動は**図 8.6**のように表される．

定量発注方式における発注点とは，リードタイム L の期間における需要（＝在庫量の減少分）を満たすための在庫量のことで，リードタイム期間中における期待需要に安全在庫を加えた量として決定される．ところで，単位期間当たりの需要量が平均 $\overline{D}$，標準偏差 σ の正規分布 $N(\overline{D}, \sigma^2)$ に従って変動するとき，期間 L における需要は，平均 $L \times \overline{D}$，標準偏差 $\sqrt{L} \times \sigma$（分散 $L \times \sigma^2$）の正規分布に従う．したがって，安全係数を α とすれば安全在庫 S は

$$S = \alpha \cdot \sqrt{L} \cdot \sigma \tag{8.13}$$

で与えられ，発注点 K は次式で求められる．

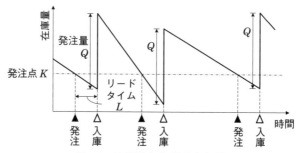

図 8.6　定量発注方式（発注点方式）

$$K = L \cdot \overline{D} + S$$
$$= L \cdot \overline{D} + a \cdot \sqrt{L} \cdot \sigma \tag{8.14}$$

1回当たりの発注量は，在庫管理の基本モデルで説明した式（8.2）の EOQ 公式に基づいて，経済的発注量 Q^* として求めればよい．つまり，短期的な需要の変動は無視して，中長期間（ここでは1年とする）の総需要予測をもとにして決定される．具体的には，在庫品の年間総需要を R，1回当たりの発注費用を C_0，商品1単位当たりの年間保管費用を C_1 とすると，1回当たりの経済的発注量 Q^* は次式で与えられる．

$$Q^* = \sqrt{\frac{2C_0 R}{C_1}} \tag{8.15}$$

8.2.2 定期発注方式

定期発注方式とは，あらかじめ**発注サイクル** T を（毎月1回というように）決めておき，発注するごとに次期の需要予測を行って発注量 Q_k（$k=1, 2, 3, \cdots$）を決める方式である．需要は正規分布に従って変動するものと考え，在庫品の発注から入庫まではリードタイム L が必要であるとしたとき，在庫量の時間変動は図 8.7 のように表される．

定期発注方式における発注量を決める際には，ある発注を行ってから，次の発注が入庫されるまでの期間の需要を考慮しなければならない．この需要を満たすのに必要な在庫量は，期間 $T+L$ の期待需要に安全在庫を加えた量となる．ただし，発注時点において有効在庫 X（現在の在庫量と前回の発注残の合計）があれば，これを控除して発注量を計算するため，実際には期間 T の需要を求めていることになる．ここで，単位期間当たりの需要量が平均 $\overline{D}$，標準偏差 σ の正規分布

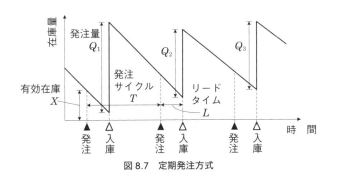

図 8.7 定期発注方式

$N(\overline{D}, \sigma^2)$ に従って変動すると考えれば,期間 $T+L$ における需要は,平均 $(T+L)\times\overline{D}$,標準偏差 $\sqrt{(T+L)}\times\sigma$(分散 $(T+L)\times\sigma^2$)の正規分布に従う.したがって,安全係数を α とすれば,安全在庫 S は

$$S = \alpha \cdot \sqrt{(T+L)} \cdot \sigma \tag{8.16}$$

で与えられ,発注量 Q は次式のようになる.

$$\begin{aligned}Q &= (T+L)\times\overline{D}+S-X \\ &= (T+L)\times\overline{D}+\alpha\cdot\sqrt{(T+L)}\cdot\sigma-X\end{aligned} \tag{8.17}$$

定期発注方式の発注サイクルは,毎週1回とか毎月1回というように一定間隔で設定されるが,在庫管理の基本モデルで説明した経済的発注量 Q^* が発注単位となるように決められることが望ましい.そのような発注サイクル T^* は,式(8.4)と同様に次式で与えられる.

$$T^* = \frac{Q^*}{\overline{D}} = \sqrt{\frac{2C_0R}{C_1}}\Big/\overline{D} \tag{8.18}$$

8.2.3 ABC 分析(発注方式の決め方)

一般に,企業で扱う在庫品は多品目にわたり,それぞれの単価や需要量をはじめとする諸特性は異なるのが普通である.在庫管理において重要なことは,在庫品の特性に応じた管理方式を適用することであり,その枠組みを与える方法として **ABC 分析** がある.

管理対象となる複数の在庫品目を価値(売上金額や仕入原価など)の大きい順に並べ,横軸に累積品目数,縦軸に累積価値をとって線グラフで表したものを,**パレート図**という(図 8.8).ABC 分析とは,パレート図に基づいて,品目別の重要度を A(重点アイテム),B(中間アイテム),C(簡素化アイテム)の3グループに区分する手法である.パレート図のカーブは対象によって異なり,したがって区分の基準も必ずしも一定ではないが,上位 20% 程度の品目で累積価値は全体の 80% 程度を占めるといわれる「20-80 ルール」に準

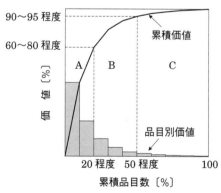

図 8.8 パレート図と ABC 分析

じて区分するのが一般的である．例えば，累積価値に注目すれば，累積価値が上位 60〜80% 程度を占める品目を A グループ，逆に下位 5〜10% を占める品目を C グループ，残りを B グループとする．また，累積品目数に注目して，上位 20% 程度の品目を A グループ，逆に下位 50% 程度の品目を C グループ，残りを B グループとするやり方もある．

　重点アイテムである A グループに対しては，きめ細かな在庫管理を行う必要があり，比較的短い一定周期で発注する定期発注方式を適用することが望ましい．また，B グループに対しては，在庫が不足したときに一定量を発注する定量発注方式（発注点方式）を適用することが望ましい．そして，C グループに対しては簡素化された定量発注方式や現物管理など，粗い管理を適用すればよい．

8.3　在庫問題とモンテカルロ法

8.3.1　新聞売子問題

　1 部 c〔円〕で仕入れた新聞を a〔円〕で売る新聞売子がいて，1 日平均 m 人の客が買いに来る．ただし，毎日の客数 x は変動するため，客が少ない日には売れ残りの新聞を廃棄して仕入れ価格分の損失となり，客が多い日には品切れとなって利益を逃すことになる．新聞売子が得る利益を最大にするための，1 日当たりの最適発注部数を求めること，これが**新聞売子問題**である．厳密に言えば，この問題は在庫管理に関する問題ではないが，本質的な問題の構造は在庫問題と同じであり，最も基本的な例題として位置づけることができる．そこで，この問題のモデル化とシミュレーションの方法を考えてみよう．

　日々の客数 x は平均 m のポアソン分布

$$P(x, m) = e^{-m} \frac{m^x}{x!} \quad (x = 0, 1, 2, 3, \cdots) \tag{8.19}$$

に従って変動するものと考えられる．

　1 日当たりの仕入部数を y とすると，x〔人〕の客が来たときの利益 $f(x, y)$ は次のように表される．

$$f(x, y) = \begin{cases} xa - yc & (x \leq y \text{のとき}) \\ y(a-c) & (x > y \text{のとき}) \end{cases} \tag{8.20}$$

発注部数 y を一定に保つとき，1 日当たりの**期待利益** $F(y)$ は

$$F(y) = \sum_{x=0}^{\infty} \{f(x, y) \times P(x, m)\} \tag{8.21}$$

となり，これに式（8.20）を代入して式（8.22）を得る．

表 8.1 数値計算による期待利益の推計

（単位：円）

客数 x	ポアソン分布 $P(x, m)$	仕入部数 $y=8$ 第1項の値 $(x \leq y)$	第2項の値 $(x > y)$	仕入部数 $y=9$ 第1項の値 $(x \leq y)$	第2項の値 $(x > y)$	仕入部数 $y=10$ 第1項の値 $(x \leq y)$	第2項の値 $(x > y)$
0	0.00005	−0.0320		−0.0360		−0.0400	
1	0.00045	−0.2340		−0.2700		−0.3060	
2	0.00227	−0.9080		−1.0896		−1.2712	
3	0.00757	−2.1196		−2.7252		−3.3308	
4	0.01892	−3.0272		−4.5408		−6.0544	
5	0.03783	−1.5132		−4.5396		−7.5660	
6	0.06306	5.0448		0.0000		−5.0448	
7	0.09008	18.0160		10.8096		3.6032	
8	0.11260	36.0320		27.0240		18.0160	
9	0.12511		40.0352	45.0396		35.0308	
10	0.12511		40.0352		45.0396	50.0440	
11	0.11374		36.3968		40.9464		45.4960
12	0.09478		30.3296		34.1208		37.9120
13	0.07291		23.3312		26.2476		29.1640
14	0.05208		16.6656		18.7488		20.8320
15	0.03472		11.1104		12.4992		13.8880
16	0.02170		6.9440		7.8120		8.6800
17	0.01276		4.0832		4.5936		5.1040
18	0.00709		2.2688		2.5524		2.8360
19	0.00373		1.1936		1.3428		1.4920
20	0.00187		0.5984		0.6732		0.7480
21	0.00089		0.2848		0.3204		0.3560
22	0.00040		0.1280		0.1440		0.1600
23	0.00018		0.0576		0.0648		0.0720
24	0.00007		0.0224		0.0252		0.0280
25	0.00003		0.0096		0.0108		0.0120
合計	1.00000	51.2588	213.4944	69.6720	195.1416	83.0808	166.7800
期待利益		264.7532		264.8136		249.8608	

$$F(y) = \sum_{x=0}^{y} \left\{ (xa - yc) \cdot e^{-m} \frac{m^x}{x!} \right\} + \sum_{x=y+1}^{\infty} \left\{ y(a-c) \cdot e^{-m} \frac{m^x}{x!} \right\} \tag{8.22}$$

表 8.1 は，平均客数 $m=10$，仕入価格 $c=80$，販売価格 $a=120$ に固定して，仕入部数 $y=8, 9, 10$ の 3 ケースについて数値計算のプロセスを掲載したものである．表中の「第 1 項の値」「第 2 項の値」は，それぞれ式（8.22）の右辺における二つの $\sum$ 項の計算値で，この 2 項の和が各ケースの期待利益となる．その結果，期待利益を最大にする最適仕入部数は 9 部で，そのときの期待利益は 264.8 円であることがわかる．

この問題をモンテカルロ法で解く手順を考えてみよう．まず，6 章 83 ページ「離散的な分布の乱数発生方法」で紹介した方法によって，**ポアソン分布に従う乱数列**を発生させる．具体的には，VBA の Rnd 関数（seed=1）で発生した 100 個の一様乱数を $\{u_i\}$ として，式（6.14）を適用することによって，ポアソン乱数列 $\{z_i\}$ が得られる（**表 8.2**）．これによると，最大客数は 17 人で 1 日，最小客数は 2 人で 1 日，最頻値は 9 人で 18 日，100 日間の平均客数は 9.6 人という設定になる．**表 8.3** には，上の数値計算と同じ条件で，仕入部数 $y=8, 9, 10$ の 3 ケースについて期待利益を計算するプロセスを掲載した．その結果，最適仕入部数は 8 部で，そのときの期待利益は 256.4 円，つまり数値計算の結果とはやや異なる解が得られる．

表 8.2 シミュレーションに用いた 100 個のポアソン乱数列

```
09 06 11 12 07 10 08 09 06 13 13 13 16 13 06 11 07 09 07 11
08 11 02 12 05 05 12 08 13 09 06 14 08 11 07 09 13 15 07 11
07 08 15 07 09 08 03 12 10 12 13 09 09 13 06 08 11 07 11 09
09 11 06 15 08 17 10 09 12 11 08 09 13 09 09 10 12 10 03 12
06 12 13 08 06 09 09 10 09 06 05 06 11 08 11 11 11 12 12 09
```

そこで，仕入部数 y を 0 から 15 まで変化させて，数値計算とモンテカルロ法の計算結果を比較してみると，仕入部数 y が 7 を超えるあたりから両者の差が徐々に拡大していくことがわかる（**図 8.9**）．その主たる要因は，100 個のサンプル（乱数）では客数の分布が安定しないことにある．例えば，客数が 10 人になる日数はその前後に比べて極端に低くなっているし，20 人を超えるような客数をサンプルに含めるためには 1 000 個程度の乱数が必要であろう．

8章 在庫管理

表8.3 モンテカルロ法による期待利益の推計

(単位：円)

客数 x	日数 N (ポアソン分布に従う)	仕入部数 $y=8$ 利益/日	総利益	仕入部数 $y=9$ 利益/日	総利益	仕入部数 $y=10$ 利益/日	総利益
0	0	−640	0	−720	0	−800	0
1	0	−520	0	−600	0	−680	0
2	1	−400	−400	−480	−480	−560	−560
3	2	−280	−560	−360	−720	−440	−880
4	0	−160	0	−240	0	−320	0
5	3	−40	−120	−120	−360	−200	−600
6	10	80	800	0	0	−80	−800
7	8	200	1,600	120	960	40	320
8	11	320	3,520	240	2,640	160	1,760
9	18	320	5,760	360	6,480	280	5,040
10	6	320	1,920	360	2,160	400	2,400
11	14	320	4,480	360	5,040	400	5,600
12	11	320	3,520	360	3,960	400	4,400
13	10	320	3,200	360	3,600	400	4,000
14	1	320	320	360	360	400	400
15	3	320	960	360	1,080	400	1,200
16	1	320	320	360	360	400	400
17	1	320	320	360	360	400	400
18	0	320	0	360	0	400	0
19	0	320	0	360	0	400	0
20	0	320	0	360	0	400	0
21	0	320	0	360	0	400	0
22	0	320	0	360	0	400	0
23	0	320	0	360	0	400	0
24	0	320	0	360	0	400	0
25	0	320	0	360	0	400	0
合計	100	——	25,640	——	25,440	——	23,080
期待利益			256.4		254.4		230.8

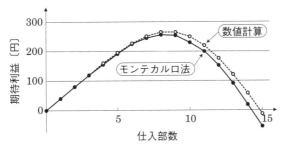

図 8.9 新聞売子問題の解の比較

8.3.2 品切れ損失を含む在庫問題のモデル化

ある商品 1 個当たりの**保管費用** C_1 は 200 円,**品切れ損失** C_2 は 400 円,発注費用 C_0 は不要でリードタイムも考慮する必要がない.毎日の**期首在庫量** S は一定とし,毎日の注文量 x が正規分布 $N(100, 25^2)$ に従って確率的に発生するとき,最適な期首在庫量 S^* はいくらになるかを考えてみよう.

1 日の注文量 x が期首在庫量 S より小さいときは保管費用が発生し,逆の場合は品切れ損失が発生する.そこで,注文量の確率密度関数を $p(x)$,その累積確率関数を $P(x)$ と置くと,**総期待費用** $F(S)$ は次式で表される.

$$F(S) = C_1 \sum_{x=0}^{S} (S-x)p(x) + C_2 \sum_{x=S}^{\infty} (x-S)p(x) \tag{8.23}$$

これを最小にする最適在庫量 S^* は

$$\frac{dF(S)}{dS} = C_1 P(S) - C_2(1 - P(S)) = 0 \tag{8.24}$$

より

$$P(S) = \frac{C_2}{C_1 + C_2} = \frac{400}{200 + 400} = 0.66666\cdots \tag{8.25}$$

を満たす S であることがわかる.正規分布 $N(100, 25^2)$ の累積確率分布を調べて式 (8.25) に当てはめると,$P(110.8) = 0.66666\cdots$ であることから,$S^* = 111$ という解が得られる.ちなみに,商品 1 個当たりの保管費用 C_1 は 200 円のままで品切れ損失 C_2 を 200 円とすると,$P(100) = 0.50000$ より $S^* = 100$ が最適解となり,品切れ損失 C_2 を 100 円とすると,$P(89.2) = 0.33333\cdots$ より $S^* = 89$ が最適解となる.

次に，総期待費用 $F(S)$ を，式 (8.23) に従って数値計算で求めてみよう．正規分布 $N(100, 25^2)$ の確率密度分布を調べ，保管費用 C_1 が 200 円，品切れ損失 C_2 が 400 円のケースについて，在庫量 S を変化させながら計算した結果を**表 8.4** に示した．在庫量が増えるにつれて保管費用が増大し，逆に品切れ損失が減少していって，$S=111$ のときに二つの和は最小になることが確認できる．

表 8.4　数値計算による総期待費用の推計
(単位：円)

在庫量	保管費用	品切れ損失	総期待費用
70	280	12,560	12,841
80	601	9,201	9,802
90	1,152	6,304	7,455
100	1,994	3,989	5,983
110	3,152	2,304	5,456
111	3,284	2,169	5,453
120	4,601	1,202	5,802
130	6,280	561	6,841
140	8,116	232	8,348
150	10,042	85	10,127

最後に，この問題をモンテカルロ法で解く手順を考えてみよう．もともと正規分布は連続分布であるが，式 (6.14) を利用すれば，ポアソン分布に従う乱数列を得るのと同様の手順で，整数の**正規分布に従う乱数列を得ることができる**．具体的には，VBA の Rnd 関数（seed＝1）で発生した 100 個の一様乱数 $\{u_i\}$ と，$N(100, 25^2)$ に従う累積確率分布の値から，正規乱数列 $\{z_i\}$ が得られる（**表 8.5**）．これによると，毎日の注文量 x の最大値は 151 個，最小値は 21 個，100 日間の平均注文量は 97.4 個という設定になる．毎日の注文量に応じて保管費用と品切れ損失を求め，それらを 100 日分集計して平均値を求めれば，1 日当たりの総期待費用を推計できる．在庫量 S を変化させながら総期待費用を計算すると，最適在庫量は 109 個となり，数値計算に近い解が得られる（**表 8.6**，**図 8.10**）．

8.3 在庫問題とモンテカルロ法

表 8.5 シミュレーションに用いた 100 個の正規乱数列

90	63	106	119	78	103	89	94	64	125	127	124	145	125	67	110	79	91	78	113
87	107	21	115	58	60	120	87	126	90	72	135	84	106	80	95	124	141	78	106
79	87	138	73	96	89	41	114	102	116	124	94	92	122	69	87	111	74	108	97
94	112	68	142	87	151	98	92	118	113	84	92	128	94	93	105	115	103	38	121
64	118	122	88	65	92	93	105	95	72	54	72	108	85	107	110	109	119	119	96

表 8.6 モンテカルロ法による総期待費用の推計

(単位:円)

在庫量	保管費用	品切れ損失	総期待費用
70	356	11,656	12,012
80	706	8,356	9,062
90	1,258	5,460	6,718
100	2,202	3,348	5,550
109	3,258	1,860	5,118
110	3,392	1,728	5,120
120	4,888	720	5,608
130	6,672	288	6,960
140	8,566	76	8,642
150	10,530	4	10,534

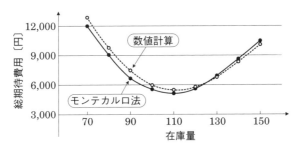

図 8.10 品切れ損失を考慮する在庫問題の解の比較

■ 演習問題

8.1 8.1節に示した「基本モデル」の考え方に従って，以下の問題を解け．

(1) ある商品の年間総需要 R が 5 000 台，1 回当たりの発注費用 C_0 が 16,000 円，商品 1 単位当たりの年間保管費用 C_1 が 4,000 円であるとき，1 回当たりの最適発注量 Q^* と，そのときの総在庫費用 C^* を計算せよ．

(2) (1)の例で，1 回当たりの発注費用 C_0 が 12,000 円になったとき，1 回当たりの最適発注量 Q^* と総在庫費用 C^* はどのように変化するかを求めよ．

(3) (1)の例で，商品 1 単位当たりの年間保管費用 C_1 が 3,000 円になったとき，1 回当たりの最適発注量 Q^* と総在庫費用 C^* はどのように変化するかを求めよ．

8.2 8.1節に示した「品切れ損失を含むモデル」の考え方に従って，以下の問題を解け．

(1) ある商品の年間総需要 R が 5 000 台，1 回当たりの発注費用 C_0 が 16,000 円，商品 1 単位当たりの年間保管費用 C_1 が 4,000 円，商品 1 単位当たりの年間品切れ損失 C_2 が 8,000 円であるとき，最適期首在庫量 S^* と 1 回当たりの最適発注量 Q^*，およびそのときの総在庫費用 C^* を計算せよ．

(2) (1)の例で，商品 1 単位当たりの年間保管費用 C_1 が 3,000 円になったとき，最適期首在庫量 S^*，1 回当たりの最適発注量 Q^*，総在庫費用 C^* がどのように変化するかを求めよ．

(3) (1)の例で，商品 1 単位当たりの年間品切れ損失 C_2 が 6,000 円になったとき，最適期首在庫量 S^*，1 回当たりの最適発注量 Q^*，総在庫費用 C^* がどのように変化するかを求めよ．

8.3 ある商品の過去 6 か月間の需要実績は表 8.7 のとおりである．この商品を定量発注方式（発注点法）で管理するとき，以下の問題を解け．

表 8.7

月	1	2	3	4	5	6
需要実績	170	140	150	130	150	160

(1) リードタイム L が 2 か月，品切れの確率が 5%（安全係数 $\alpha=1.65$）であるとき，安全在庫 S と発注点 K を求めよ．

(2) 品切れの確率は 5% のままで，リードタイム L が 1 か月に短縮された場合，および 3 か月に伸びた場合について，それぞれの安全在庫 S と発注点 K はいくらになるかを求めよ．

(3) リードタイム L は 2 か月のままで，品切れの確率を 1% まで厳しくした

場合，および 10% まで緩和した場合について，それぞれの安全在庫 S と発注点 K はいくらになるかを求めよ．

8.4 ある商品の過去6か月間の需要実績は**表 8.8**のとおりである．この商品を定期発注方式で管理するとき，以下の問題を解け．

表 8.8

月	1	2	3	4	5	6
需要実績	98	93	116	85	101	107

(1) リードタイム L を1か月，発注サイクル期間 T を3か月，品切れの確率を 5%（安全係数 $\alpha=1.65$）としたとき，安全在庫 S を求めよ．
(2) リードタイム L は1か月，品切れの確率は 5% のままで，発注サイクル期間 T を1か月に短縮した場合，安全在庫 S はいくらになるかを求めよ．
(3) リードタイム L は1か月，発注サイクル期間 T は3か月のままで，品切れの確率を 1% まで厳しくした場合，および 10% まで緩和した場合について，それぞれの安全在庫 S はいくらになるかを求めよ．

8.5 ある会社で扱っている10種類の製品 P～Y について，単価と需要量が**表 8.9**のように与えられているとき，以下の問に答えよ．

表 8.9

製　品	P	Q	R	S	T	U	V	W	X	Y
単価〔円〕	50	100	20	30	3	10	4	5	1	2
需 要 量	50	12	30	10	50	10	15	8	30	10

(1) 横軸に累積品目数〔%〕，縦軸に累積需要価値〔%〕をとって，パレート図を描け（図 8.8 を参照）．
(2) 上のパレート図をもとにして ABC 分析を行い，どの製品に対してどのような在庫管理を適用すればよいかを考察せよ．

8.6 8.3 節の「品切れ損失を含む在庫問題のモデル化」について，以下の問に答えよ．
(1) 表 8.5 の乱数列が，$N(100, 25^2)$ の正規分布に従うことを検証せよ．次に，ボックス・ミュラーの方法（式 (6.17)）を用いて 100 個の乱数列を生成し，同じように正規分布に従うことを検証せよ．
［ヒント］ Excel の NORMDIST 関数を利用すれば，正規分布の確率密度と累積確率の両方を得ることができる．

(2) 毎日の注文量 x が(1)で生成した乱数列に従うものとして，$S=109, 110, 111$ の場合について，モンテカルロ法を用いて総期待費用を求めよ．なお，ある日の注文量 x が在庫量 S よりも少なければ保管費用が発生し，注文量 x が在庫量 S よりも多ければ品切れ損失が発生するものと考えればよい．

8.7 8.3節の「新聞売子問題」について，以下の問に答えよ．
(1) 表8.1 および表8.3 にならって，$y=7$ あるいは $y=11$ の場合について，期待利益を求めよ．
(2) 表8.2 の乱数列が，平均 $m=10$ のポアソン分布に従うことを検証せよ．次に，平均 $m=20$ のポアソン分布に従う100個の乱数列を生成し，同様の検証を行え．
［ヒント］ Excel の POISSON 関数を利用すれば，ポアソン分布の確率密度と累積確率の両方を得ることができる．
(3) 仕入価格と販売価格はそのままで，毎日の客数が(2)で生成した乱数列に従うとしたとき，最適仕入部数がいくらになるかをモンテカルロ法で求めよ．
(4) (3)の問題を数値計算による方法で解き，得られた解をモルテカルロ法の結果と比較せよ．

9章
待 ち 行 列

― 本章で学ぶこと
- 待ち行列という現象／待ち行列モデルの構造／待ち行列モデルの評価指標
- 待ち行列モデルの分類／$M/M/1$ モデル／$M/M/1(N)$ モデル／$M/M/S$ モデル／$M/M/S(S)$ モデル／$M/G/1$ モデル／$M/D/1$ モデル／$M/E_k/1$ モデル
- 待ち行列問題とモンテカルロ法／単位時間進行方式／事象–事象進行方式

9.1　待ち行列理論

9.1.1　待ち行列という現象

　駅の券売機や改札口，スーパーマーケットのレジ，銀行の ATM など，サービスが提供される窓口に並んで，順番を待っている客の行列のことを**待ち行列**という．このような現象は，我々の日常生活の至るところで見られるものであるが，なぜ「待ち」という状態が発生するのかを考えてみよう．

　図 9.1 は，一つの窓口でサービスが行われているところへ，次々と客が到着し，順番にサービスを受ける様子を示している．1 時間の間に到着した客は 5 人なので**平均到着間隔**は 12 分，**平均サービス時間**は 11 分であり，単純に計算すれば 1 人も待たせることなく，すべてのサービスは完了しそうである．しかし実際には，客 C には 5 分，客 E には 7 分の待ち時間が生じており，すべてのサービスが完了するまでに 1 時間以上が経過している．

　このように「待ち」状態が発生する主な原因としては，客の到着する時間間隔が一定ではないことと，1 人当たりのサービス所要時間が一定ではないことがあ

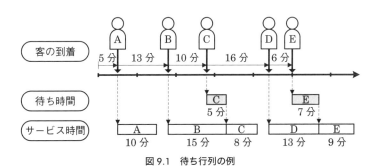

図 9.1　待ち行列の例

げられる．「待ち」を解消する方策として，予約制を導入するなど客の到着を一定にすることができれば対応は容易である．しかし，これを制御することは一般に困難であり，サービスの提供方法を変更することになる．具体的には，窓口の数を増やしたり，窓口一つ当たりの処理能力を向上させたり，処理形態を**箸型**から**フォーク型**に変更するなどの方法が考えられる．ただし，機会損失に代表される待ち行列の発生に伴うコストと，窓口の開設費用や維持費用など待ち行列の解消に伴うコストとはトレードオフの関係にあり，**総期待費用**（両コストの和）を最小にすることが重要な課題となる．

待ち行列モデルとは，待ち行列という現象を表す数学モデルのことで，サービスの窓口と待合室からなる**待ち行列システム**に対して，外部から客が到着し，サービスを受けた客は外部へ退出するという図式になる（図 9.2）．

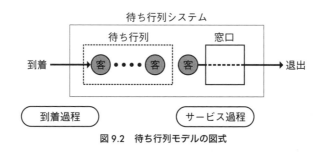

図 9.2　待ち行列モデルの図式

待ち行列モデルを分析するための数学理論が**待ち行列理論**（Queuing Theory）であり，**アーラン**（A. K. Erlang, 1878～1929）の電話トラフィックに関する研究がその始まりであると言われている．

9.1.2　待ち行列モデルの構造

図 9.2 からわかるように，待ち行列モデルは，客の到着過程とサービス過程，待ち行列の最大長さと窓口数を決めることによって，その構造が定式化される．モデルの構造を表現するために用いられる**ケンドール記号**は

$$X/Y/S(N)$$

のように記述し，X は到着過程の種類，Y はサービス過程の種類，S は窓口数，N は待ち行列の最大長さ（人数）を表すものである．到着過程とサービス過程には**表 9.1** に示す記号が入り，S と N には数値が入る．ここで，**マルコフ過程**という

表 9.1 到着過程またはサービス過程の種類を表す記号

記号と意味	説　明
M　マルコフ過程	ポアソン分布（主として到着過程），または指数分布（主としてサービス過程）
D　一定分布	一定の到着過程，または一定のサービス過程
G　一般の分布	平均値と分散が既知の任意の分布
E_k　位相kのアーラン分布	k個の指数分布の和；$k=1$のとき指数分布，$k=\infty$のとき一定分布になる

のは，未来の挙動が現在のみに関係し，過去の挙動とは無関係であるという性質（**マルコフ性**）をもつ確率過程のことで，状態の遷移を条件付き確率で表現できるなど，システムの挙動を解析するうえで有効な性質を有している．

（a） 到着過程

客は既知のスケジュールに従って到着するか，ランダムに到着するかのいずれかであり，一般に，待ち行列モデルの分析対象となるのは後者の場合である．客がランダムに到着するという状況には**ポアソン分布**がよく適合する．そこで単位時間当たりに到着する客数をxとすると，その確率密度関数は次式のようになる．

$$f(x)=\frac{\lambda^x}{x!}e^{-\lambda} \tag{9.1}$$

ここでλは，単位時間内に到着する平均客数，つまり**平均到着率**〔人／単位時間〕と呼ばれる指標であり，ポアソン分布の平均および分散はともにλに一致する．

ところで，平均到着率の逆数$1/\lambda$は**平均到着間隔**〔時間間隔／人〕という指標になるが，到着間隔の確率密度関数は

$$g(x)=\lambda \cdot e^{-\lambda x} \tag{9.2}$$

という**指数分布**に従うことがわかっている．そして，指数分布の平均は$1/\lambda$で表される．つまり1時間に平均5人の客が来る場合，1時間当たりの客数は平均5のポアソン分布に従い，到着間隔は平均0.2時間（12分）の指数分布に従う．

（b） サービス過程

一人ひとりの客に対するサービスの所要時間も，一定であるか，ランダムであるかのいずれかである．ただし，待ち行列モデルの分析においては，サービスの所要時間よりも単位時間内に何〔人〕にサービスを提供するかという，**平均サービス率**〔人／単位時間〕を重視する．

平均サービス率を μ とすると，その逆数 $1/\mu$ は**平均サービス時間**〔所要時間/人〕という指標になる．一般に，サービス時間には指数分布がよく適合すると考えられているが，特殊なケースでは**アーラン分布**を適用する場合もある．サービス時間に指数分布を適用した場合，サービス率がポアソン分布に従うことは明らかである．

なお，サービスを受ける順番は **FIFO**（First-In, First-Out），あるいは **FCFS**（First Come, First Served），つまり**先着順**とする．

（c）　窓口数

待ち行列を解消するために最も効果的な方法は，**窓口数**を増やすことである．しかし，窓口数を増やすためには開設費用や維持費用などのコストが発生するため，いくらでも増設できるわけではなく，客からの苦情など「待たせることのコスト」とのバランスによって，最適な窓口数を決定する必要がある．

窓口に関するもう一つの要素として，**サービスの質**があげられる．一般に，駅の券売機やスーパーマーケットのレジなどは，均質のサービスを提供する．これに対して，銀行や郵便局で目的別に設置されている窓口や，高速道路の料金所における ETC 専用レーンと一般用レーンなどは，サービスの質が異なる例である．後者のような場合，一つのシステムにおける複数の窓口ではなく，複数の待ち行列システムとしてモデル化を行うべきである．

（d）　待ち行列の最大長さ

待ち行列理論においては，**待ち行列の最大長さ** N を，待合室で待つことのできる人数とサービスを受けている人数の和，つまりシステム内にいる人数（システムの容量）と定義している．

なお，特に指定しないかぎり待合室の大きさは無制限，つまり $N=\infty$ とすることが多く，この場合はケンドール記号の N を省略してもよい．例えば，$M/M/1(\infty)$ モデルの場合は，$M/M/1$ モデルと表記することができる．

9.1.3　待ち行列システムの評価指標

待ち行列モデルを構築して分析する目的は，待ち行列システムを評価して，最適なサービス水準を求めることにある．その評価は，平均到着率 λ と平均サービス率 μ に基づいて行われるが，実際にはこれら二つの変数から導かれる新たな変数

$$\rho = \frac{\lambda}{\mu}$$

を評価に用いることが多い．この変数 ρ は**窓口利用率**と呼ばれ，これを用いれば，待ち行列理論の基本条件を次のように端的に表現することができる．

「窓口利用率 ρ が 1 以上になると，待ち行列は収束しない．」

では次に，待ち行列システムを評価するための，代表的な評価指標を見てみよう．ここでは理解を助けるため，最も基本的な待ち行列モデルである $M/M/1$ モデルについて，個々の指標の意味と，その理論的な解の求め方を解説する．

（a） 待たされる確率 P_q

ある客が待ち行列システムに到着したときに，先客があって待たされる確率のことである．一般に窓口数 $S=1$ で，かつ，待ち行列の最大長さ $N=\infty$ のシステムにおいて，システム内に n〔人〕の客がいる確率 P_n は次式で表される．

$$P_n = \rho^n P_0, \qquad P_0 = 1-\rho \tag{9.3}$$

「待たされる」ということは，システム内に 1 人以上の客がいる状態のことである．したがって待たされる確率 P_q は，1 から P_0（客が 1 人もいない確率）を差し引くことで得られる．

$$P_q = 1-P_0 = 1-(1-\rho) = \rho \tag{9.4}$$

（b） 平均滞在客数 L

システム内に存在する客数の平均 L は，客数が n〔人〕になる確率が P_n であるときの期待値，すなわち

$$L = \sum_{n=0}^{\infty} n P_n = P_0 \sum_{n=1}^{\infty} n \rho^n \tag{9.5}$$

で与えられる．$\sum$ を展開すると

$$L = P_0 \, (\rho + 2\rho^2 + \cdots + n\rho^n + \cdots) \tag{9.6}$$

となり，この両辺に ρ を掛けると

$$\rho L = P_0 \, (\rho^2 + 2\rho^3 + \cdots + n\rho^{n+1} + \cdots) \tag{9.7}$$

となる．式 (9.6) と式 (9.7) の両辺の差をとると

$$(1-\rho)L = P_0 \, (\rho + \rho^2 + \cdots + \rho^n + \cdots) = P_0 \frac{\rho}{1-\rho} \tag{9.8}$$

となり，これを整理すると，平均滞在客数 L が得られる．

$$L = \frac{\rho}{1-\rho} \tag{9.9}$$

(c) 平均待ち行列長さ L_q

待ち行列長さの平均は，サービス中の1人を除いて，客数が $(n-1)$〔人〕になるときの確率が P_n であるときの期待値として，次式で与えられる．

$$L_q = \sum_{n=1}^{\infty}(n-1)P_n = P_0 \sum_{n=1}^{\infty}(n-1)\rho^n \tag{9.10}$$

ここで Σ を展開すると

$$L_q = P_0(\rho^2 + 2\rho^3 + \cdots + (n-1)\rho^n + \cdots) \tag{9.11}$$

となり，平均滞在客数 L を求めたのと同様の方法でこれを解くと，平均待ち行列長さ L_q は次式のようになる．

$$L_q = \frac{\rho^2}{1-\rho} \tag{9.12}$$

ここで，L と L_q の関係を見てみると

$$L_q = \rho \cdot L \quad \text{あるいは} \quad L_q = L - \rho \tag{9.13}$$

が成立する．つまり，待ち行列の平均長さ L_q は，システム内の平均滞在客数 L から ρ を引いたものであることがわかる．

(d) 平均滞在時間 W

平均滞在時間とは，客がシステムに到着してから，サービスを受けてシステムから出ていくまでの時間の平均である．ところで，システム内の平均滞在客数 L は，平均滞在時間 W〔時間〕と平均到着率 λ〔人/単位時間〕の積で表すことができるので，次式が成立する．

$$L = \lambda \cdot W \tag{9.14}$$

この式を W について整理して，式(9.9)を代入すると次式が得られる．

$$W = \frac{L}{\lambda} = \frac{\rho}{\lambda(1-\rho)} = \frac{1}{\mu(1-\rho)} \tag{9.15}$$

(e) 平均待ち時間 W_q

平均待ち時間とは，客がシステムに到着してからサービスを受けるまでに，待ち行列に滞在する時間の平均である．そして平均滞在時間 W は，平均待ち時間 W_q と平均サービス時間 $1/\mu$ の和で表されるので，次式が成立する．

$$W = W_q + \frac{1}{\mu} \tag{9.16}$$

この式を W_q について解くと，次式が得られる．

$$W_q = W - \frac{1}{\mu} = \frac{1}{\mu(1-\rho)} - \frac{1}{\mu} = \frac{\rho}{\mu(1-\rho)} \tag{9.17}$$

ところで，平均待ち時間 W_q と平均待ち行列長さ L_q との間には，次のような関係が成立する．

$$L_q = \lambda \cdot W_q \tag{9.18}$$

この関係は，式 (9.14) と合わせて**平均値の法則**，あるいは**リトルの公式**（Little's formula）と呼ばれ，システムに到着した客がいつかはサービスを受ける限り，どのような待ち行列モデルにおいても成立することがわかっている．

9.2 いろいろな待ち行列モデル

9.2.1 待ち行列モデルの分類

待ち行列理論の対象となるモデルは，待ち行列を許さないのか許すのかによって，**即時式モデル**と**待時式モデル**とに分類される．また，サービス側に機会損失が発生するか否かによって，**損失系モデル**と**非損失系モデル**とに分類される．

即時式モデルとは，すべての窓口がふさがっているとき，次に到着した客は待たずに立ち去るというものである．例えば，電話の呼出しを考えると，客はすぐにサービスを受けられるか，（相手が話し中で）サービスを受けられないまま立ち去るかのいずれかであり，待ったからといって次にサービスを受けられるわけではない．このとき，サービスを提供する側には必ず機会損失が発生することから，即時式モデルはすべて損失系モデルに該当する．なお，即時式モデルでは待ち行列ができないため，これを待ち行列理論とは区別する立場もある．

一方，待時式モデルとは，すべての窓口がふさがっていても，次に到着した客は待合室に並んでサービスを受けられる順番を待つというものである．待ち行列理論では，待合室の大きさを無制限と考えることが多く，この限りにおいて待時式モデルは非損失系モデルである．ただし，待合室の大きさに上限がある場合は，上限を超えて到着した客はサービスを受けられないまま立ち去る，つまり機会損失が発生することになるので，損失系モデルとなる．

9.2.2 $M/M/S(N)$ モデル

$M/M/S(N)$ モデルとは，

- ポアソン到着:単位時間当たりに到着する客数はポアソン分布に従う
- 指数サービス:1人当たりのサービス時間は指数分布に従う
- 窓口数は S
- 待ち行列の最大長さ(システムの容量)は N

という待ち行列モデルの一般表記である.なお,いずれの場合も各窓口のサービス能力は同一で,サービスの順番はFIFO(先着順)とする.

(a) $M/M/1$ モデル

$M/M/1$ モデルとは,窓口が一つ,待ち行列の最大長さ(システムの容量)が無限大のシステムに関するものであり,$M/M/1(\infty)$ モデルとも表記される.このモデルは,待ち行列理論において最も基本となるもので,その評価指標と理論的な解の求め方は前節で示したとおりである.

① 待たされる確率:$P_q = \rho \ (= \lambda/\mu)$ (ρ は窓口利用率)

② 平均滞在客数:$L = \dfrac{\rho}{1-\rho}$

③ 平均待ち行列長さ:$L_q = \dfrac{\rho^2}{1-\rho}$

④ 平均滞在時間:$W = \dfrac{1}{\mu(1-\rho)}$

⑤ 平均待ち時間:$W_q = \dfrac{\rho}{\mu(1-\rho)}$

(b) $M/M/1(N)$ モデル

$M/M/1(N)$ モデルでは,窓口が一つで待合室の容量に制限があって,システム内には最大 N 〔人〕しか入れない.このとき,基本的な考え方は $M/M/1$ モデルと同じであるが,システム内に n 〔人〕の客がいる確率 P_n の求め方が,次のように変わることに注目しなければならない.

$$P_n = \rho^n \cdot P_0 \quad (n=1, 2, \cdots, N) \tag{9.19}$$

$P_n\ (n=0, 1, 2, \cdots, N)$ の合計が1であることを利用してこれを解くと,P_0 は次式のようになる.

$$P_0 = \frac{1-\rho}{1-\rho^{N+1}} \tag{9.20}$$

平均滞在客数 L は,客数が n 〔人〕になる確率が P_n であるときの期待値に等しいので,次のように表される.

$$L = \sum_{n=0}^{N} nP_n = P_0 \sum_{n=1}^{N} n\rho^n \tag{9.21}$$

これを式 (9.6) 〜 (9.8) と同様の手順で解くと，次式が得られる．

$$L = \frac{\rho - (N+1)\rho^{N+1} + N\rho^{N+2}}{(1-\rho)^2} P_0 \tag{9.22}$$

平均待ち行列長さ L_q は，客数が $(n-1)$〔人〕になる確率が P_n であるときの期待値に等しいので

$$L_q = \sum_{n=1}^{N} (n-1)P_n = P_0 \sum_{n=1}^{N} (n-1)\rho^n \tag{9.23}$$

となり，これを上と同様の手順で解くと次式が得られる．

$$L_q = \frac{\rho^2 - N\rho^{N+1} + (N-1)\rho^{N+2}}{(1-\rho)^2} P_0 \tag{9.24}$$

なお，平均滞在時間 W と平均待ち時間 W_q は，平均値の法則を使って求めることができる．以上を整理すると，次のようになる．

① 待たされる確率：$P_q = 1 - P_0$

② 平均滞在客数：$L = \dfrac{\rho - (N+1)\rho^{N+1} + N\rho^{N+2}}{(1-\rho)^2} P_0$

③ 平均待ち行列長さ：$L_q = \dfrac{\rho^2 - N\rho^{N+1} + (N-1)\rho^{N+2}}{(1-\rho)^2} P_0$

④ 平均滞在時間：$W = \dfrac{1}{\lambda} L$

⑤ 平均待ち時間：$W_q = \dfrac{1}{\lambda} L_q$

(c) *M*/*M*/*S* モデル

***M*/*M*/*S* モデル**は，窓口が S〔個〕(複数) あって待合室の容量に制限がないというもので，基本的な考え方は $M/M/1$ モデルと同じである．しかし，一つの窓口の平均サービスを μ とすると，システム全体の平均サービス率は $S\mu$ となることに注目しなければならない．したがって，全体の窓口利用率 ρ も次のようになる．

$$\rho = \frac{\lambda}{S\mu} \tag{9.25}$$

次に，システム内に n〔人〕の客がいる確率 P_n の求め方が，$n \leq S$ のときと

$n \geqq S$ のときとで異なる点も重要である（証明は省略）．

$$P_n = \frac{1}{n!} \cdot \frac{\lambda^n}{\mu^n} P_0 \qquad (n=1,2,\cdots,S-1)$$
$$P_n = \frac{1}{S! \cdot S^{n-S}} \cdot \frac{\lambda^n}{\mu^n} P_0 = \frac{S^S \rho^n}{S!} P_0 \qquad (n=S, S+1, \cdots, \infty) \quad (9.26)$$

これを P_0 について解くと，次式が得られる．

$$P_0 = \frac{1}{\sum_{n=0}^{S-1} \frac{1}{n!} \frac{\lambda^n}{\mu^n} + \frac{1}{S!} \frac{\lambda^S}{\mu^S} \cdot \frac{S\mu}{S\mu - \lambda}} \qquad (9.27)$$

したがって，客が待たされる確率 P_q は

$$P_q = 1 - \sum_{n=0}^{S-1} P_n = 1 - \sum_{n=0}^{S-1} \frac{1}{n!} P_0 = \frac{1}{S!\left(1 - \frac{\lambda}{S\mu}\right)} \cdot \frac{\lambda^S}{\mu^S} \cdot P_0 \qquad (9.28)$$

となる．

平均待ち行列長さ L_q を求めるためには，システム内の客数が S〔人〕以下の場合と，$S+k$〔人〕$(k \geqq 1)$ の場合に分けて考える必要がある．前者の確率 Q_0 は

$$Q_0 = \sum_{n=0}^{S} P_n \qquad (9.29)$$

で与えられるが，そのとき待ち行列にいる客数 k は 0 である．また，後者の確率 Q_k は次式で与えられる．

$$Q_k = P_{S+k} = \left(\frac{\lambda}{S\mu}\right)^k P_S \quad (k \geqq 1) \qquad (9.30)$$

したがって，平均待ち行列長さ L_q は次式のようになる．

$$L_q = \sum_{k=0}^{\infty} k Q_k = \sum_{k=1}^{\infty} k Q_k = \sum_{k=1}^{\infty} k \left(\frac{\lambda}{S\mu}\right)^k P_S = \frac{S\mu\lambda}{(S\mu - \lambda)^2} P_S \qquad (9.31)$$

P_S は式（9.26）において $n=S$ の場合に当たるのでこれを代入して次式を得る．

$$L_q = \frac{S\mu\lambda}{(S\mu - \lambda)^2} \cdot \frac{1}{S!} \cdot \frac{\lambda^S}{\mu^S} P_0 = \frac{\lambda\mu}{(S-1)!(S\mu - \lambda)^2} \cdot \frac{\lambda^S}{\mu^S} \cdot P_0 \qquad (9.32)$$

なお，平均滞在客数 L と平均待ち行列長さ L_q との間には，$L = L_q + \lambda/\mu$ の関係が成立する．また，平均滞在時間 W と平均待ち時間 W_q は，平均値の法則を使って求めることができる．以上を整理すると，次のようになる．

① 待たされる確率：$P_q = \dfrac{1}{S!\left(1 - \dfrac{\lambda}{S\mu}\right)} \cdot \dfrac{\lambda^S}{\mu^S} \cdot P_0$

② 平均滞在客数：$L = L_q + \dfrac{\lambda}{\mu}$

③ 平均待ち行列長さ：$L_q = \dfrac{\lambda\mu}{(S-1)!(S\mu-\lambda)^2} \cdot \dfrac{\lambda^S}{\mu^S} \cdot P_0$

④ 平均滞在時間：$W = \dfrac{1}{\lambda}L = \dfrac{1}{\lambda}\left(L_q + \dfrac{\lambda}{\mu}\right)$

⑤ 平均待ち時間：$W_q = \dfrac{1}{\lambda}L_q$

（d） $M/M/S(S)$ モデル

$M/M/S(S)$ モデルは，S 個の窓口があって待合室がない，つまりすでに S〔人〕がサービスを受けていれば次に到着した客は待たずに立ち去るというものである．したがって，待ち行列ができることはなく，待ち行列の長さも待ち時間も 0 であることは言うまでもない．

このモデルは**即時式モデル**に分類されるという点で，これまでの $M/M/S(N)$ モデルとは大きく異なるが，基本的な考え方はよく似ている．まず，システム内に n〔人〕の客がいる確率 P_n は，窓口利用率 ρ（$=\lambda/\mu$）を用いて次のように表される（証明は省略）．

$$P_n = \dfrac{\rho^n}{n!} \cdot P_0 \qquad (n=1, 2, \cdots, S) \tag{9.33}$$

P_n $(n=0, 1, 2, \cdots, S)$ の合計が 1 であることを利用してこれを解くと，P_0 は次式のようになる．

$$P_0 = \dfrac{1}{1+\rho+\dfrac{\rho^2}{2}+\cdots+\dfrac{\rho^S}{S!}} \tag{9.34}$$

これを式（9.33）に代入して得られる式

$$P_n = \dfrac{\dfrac{\rho^n}{n!}}{1+\rho+\dfrac{\rho^2}{2}+\cdots+\dfrac{\rho^S}{S!}} \quad (n=1, 2, \cdots, S) \tag{9.35}$$

は，**アーランの公式**と呼ばれる．やって来た客がサービスを受けずに立ち去る確率のことを，電話交換システムの用語で**呼損率**というが，これは式（9.35）において $n=S$ の場合に該当する．

呼損率　$$B = \frac{\dfrac{\rho^S}{S!}}{1 + \rho + \dfrac{\rho^2}{2} + \cdots + \dfrac{\rho^S}{S!}} \tag{9.36}$$

例えば，**M/M/1(1)** モデル（窓口が1個）の場合，窓口が開いている確率 P_0 は

$$P_0 = \frac{1}{1+\rho} = \frac{\mu}{\lambda + \mu} \tag{9.37}$$

となる．したがって，窓口がサービス中である確率，つまり客がサービスを受けずに立ち去る確率（呼損率）B は次式で得られる．

$$B = 1 - P_0 = \frac{\lambda}{\lambda + \mu} \tag{9.38}$$

9.2.3　その他のモデル

待ち行列モデルの到着過程はポアソン分布に従うものとして，サービス過程（1人当たりのサービス時間）が指数分布以外の分布に従う場合について考えてみよう．このような場合，分布の型に関係なく利用できる統計量

$$変動係数 = \frac{標準偏差}{平均値} \tag{9.39}$$

を用いるとよいことがわかっている．**変動係数**はばらつきを表す指標であり，測定単位の影響を受けず，分布を決定するパラメータの影響も受けないという特徴を有している．

1930年代初頭，ポラチェクとヒンチンによって独立に求められた**ポラチェク・ヒンチンの公式**（Pollacczek-Hinchine's formula）は，サービス時間の分布が任意で窓口数 $S=1$ であるときに，平均待ち時間 W_q を与えるものである．

$$W_q = \frac{\rho}{2(1-\rho)} T_s (1 + C^2) \tag{9.40}$$

ここで，ρ は窓口利用率，T_s は平均サービス時間，C はサービス時間の変動係数である．T_s は平均サービス率 μ の逆数であることから，式（9.40）は次のように書き換えられる．

$$W_q = \frac{1+C^2}{2} \cdot \frac{\rho}{\mu(1-\rho)} \tag{9.41}$$

これは，$M/M/1$ モデルにおける W_q を基準として，変動係数から導かれる係数 $(1+C^2)/2$ を乗じたものとみなすことができる．また，W_q と平均滞在時間 W

の間には，次の関係が成立する．
$$W = W_q + T_s = W_q + \frac{1}{\mu} \tag{9.42}$$

(a) $M/G/1$ モデル

$M/G/1$ **モデル**は，ポアソン到着で，1人当たりのサービス時間が一般分布に従うというもので，平均と分散（標準偏差）が与えられていれば，分布の型は問わない．窓口が一つで待合室の容量に制限がないという点で，基本的な考え方は $M/M/1$ モデルと同じであるが，平均待ち時間 W_q はポラチェク・ヒンチンの公式を用いて求める．

なお，平均滞在時間 W は式 (9.42) から，また平均滞在客数 L と平均待ち行列長さ L_q は平均値の法則を使って求めることができる．以上を整理すると，次のようになる．

① 待たされる確率：$P_q = \rho$

② 平均滞在客数：$L = \lambda W = \lambda \left(W_q + \dfrac{1}{\mu} \right)$

③ 平均待ち行列長さ：$L_q = \lambda W_q$

④ 平均滞在時間：$W = W_q + \dfrac{1}{\mu}$

⑤ 平均待ち時間：$W_q = \dfrac{1 + C^2}{2} \cdot \dfrac{\rho}{\mu(1 - \rho)}$

(b) $M/D/1$ モデル

$M/D/1$ **モデル**は，ポアソン到着で，1人当たりのサービス時間が一定というものである．分布が一定ということは標準偏差（分散）が 0，すなわち変動係数 $C = 0$ であり，これをポラチェク・ヒンチンの公式に当てはめると，平均待ち時間 W_q が得られる．

$$W_q = \frac{1}{2} \cdot \frac{\rho}{\mu(1 - \rho)} \tag{9.43}$$

その他の指標については $M/G/1$ モデルと同様に求めることができるので，以上を整理すると次のようになる．

① 待たされる確率：$P_q = \rho$

② 平均滞在客数：$L = \lambda W = \lambda \left(W_q + \dfrac{1}{\mu} \right)$

③ 平均待ち行列長さ：$L_q = \lambda W_q$

④ 平均滞在時間：$W = W_q + \dfrac{1}{\mu}$

⑤ 平均待ち時間：$W_q = \dfrac{1}{2} \cdot \dfrac{\rho}{\mu(1-\rho)}$

（c） $M/E_k/1$ モデル

$M/E_k/1$ モデルは，ポアソン到着で，1人当たりのサービス時間が**アーラン分布**に従うというものである．アーラン分布の確率密度関数は，平均サービス率を μ, **位相**を k としたとき，次式で表される．

$$f(x) = \dfrac{(k\mu)^k}{(k-1)!} \cdot x^{k-1} \cdot e^{-k\mu x} \tag{9.44}$$

上式 (9.44) において，$k=1$ のときは $f(x) = \mu \cdot e^{-\mu x}$ となり，指数分布と一致する．また，$k=\infty$ のときは $f(x) = 1/\mu$ となり，一様分布となることがわかる．$\mu = 1$ として位相 k を変化させたときのグラフを，図 **9.3** に示した．

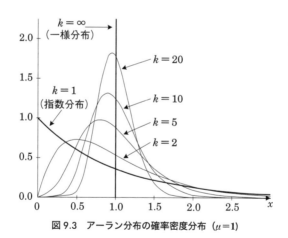

図 9.3　アーラン分布の確率密度分布（$\mu = 1$）

アーラン分布の平均と分散は

$$\text{平均} = \dfrac{1}{\mu}, \quad \text{分散} = \dfrac{1}{k\mu^2} \tag{9.45}$$

で与えられるので，これをポラチェク・ヒンチンの公式に当てはめると，平均待ち時間 W_q が得られる．

$$W_q = \frac{1}{2} \cdot \left(1 + \frac{1}{k}\right) \cdot \frac{\rho}{\mu(1-\rho)} \tag{9.46}$$

その他の指標については $M/G/1$ モデルと同様に求めることができるので，以上を整理すると次のようになる．

① 待たされる確率：$P_q = \rho$

② 平均滞在客数：$L = \lambda W = \lambda \left(W_q + \dfrac{1}{\mu}\right)$

③ 平均待ち行列長さ：$L_q = \lambda W_q$

④ 平均滞在時間：$W = W_q + \dfrac{1}{\mu}$

⑤ 平均待ち時間：$W_q = \dfrac{1}{2} \cdot \left(1 + \dfrac{1}{k}\right) \cdot \dfrac{\rho}{\mu(1-\rho)}$

9.3 待ち行列問題とモンテカルロ法

9.3.1 単位時間進行方式のシミュレーション

1分間に平均 λ〔人〕の客が到着し，平均 μ〔人〕へのサービスを提供できる一つの窓口があるとしよう．時刻 i（1分間）に到着する客数を a_i，サービスを受ける客数（以下，**サービス能力**）を b_i，直前のシステム内滞在客数（待ち行列の最大長さ）を C_{i-1} とすると，時刻 i の終わりにおける滞在客数 C_i は次式で与えられる．

$$\left.\begin{array}{ll} C_i = 0 & (C_{i-1} + a_i - b_i \leqq 0 \text{ のとき}) \\ C_i = C_{i-1} + a_i - b_i & (C_{i-1} + a_i - b_i > 0 \text{ のとき}) \end{array}\right\} \tag{9.47}$$

このように一定の時間間隔を定めて，その間に滞在客数がどのように変化するのかを記述するシミュレーションの方法を**単位時間進行方式**という．

表 9.2 と**図 9.4** は，1分間に到着する客数 a_i が**平均到着率** $\lambda = 3$ のポアソン分布に従い，1分間のサービス能力 b_i が**平均サービス率** $\mu = 2$ のポアソン分布に従うものとして計算した結果を，時間経過に沿って集計したものである．平均到着率が平均サービス率を上回ることから，滞在客数（待ち行列）は着実に増えていき，120分後には102人に達している．しかし，それは単調に増えるわけではなく，ときには減少しながら全体として増加していく様子が，シミュレーションの結果からわかる．シミュレーションを続けると，その後も待ち行列は増え続けて，

表9.2 数値計算によるシミュレーション結果 ($\lambda=3$, $\mu=2$)

時刻	到着客数	サービス能力	滞在客数	時刻	到着客数	サービス能力	滞在客数	時刻	到着客数	サービス能力	滞在客数
1	2	2	0	41	1	4	32	81	1	2	67
2	1	2	0	42	2	1	33	82	4	2	69
3	3	1	2	43	6	5	34	83	4	1	72
4	4	3	3	44	1	1	34	84	2	3	71
5	1	1	3	45	2	1	35	85	1	3	69
6	3	1	5	46	2	1	36	86	2	3	68
7	2	2	5	47	0	2	34	87	2	3	67
8	2	7	0	48	4	0	38	88	3	4	66
9	1	2	0	49	3	3	38	89	2	2	66
10	5	3	2	50	4	2	40	90	1	4	63
11	5	1	6	51	5	4	41	91	0	4	59
12	5	2	9	52	2	2	41	92	1	4	56
13	6	5	10	53	2	1	42	93	3	2	57
14	5	0	15	54	4	2	44	94	2	2	57
15	1	3	13	55	1	1	44	95	3	3	57
16	3	0	16	56	2	3	43	96	3	1	59
17	1	0	17	57	4	2	45	97	3	3	59
18	2	4	15	58	1	3	43	98	4	3	60
19	1	3	13	59	3	4	42	99	4	0	64
20	4	2	15	60	3	3	42	100	3	2	65
21	2	1	16	61	2	2	42	101	4	1	68
22	3	2	17	62	4	1	45	102	5	2	71
23	0	1	16	63	1	1	45	103	3	3	71
24	4	1	19	64	6	3	48	104	7	1	77
25	0	2	17	65	2	0	50	105	2	2	77
26	1	2	16	66	7	3	54	106	4	0	81
27	4	2	18	67	3	1	56	107	3	3	81
28	2	1	19	68	2	1	57	108	6	4	83
29	5	1	23	69	4	2	59	109	3	4	82
30	2	1	24	70	4	3	60	110	3	3	82
31	1	1	24	71	2	2	60	111	8	3	87
32	5	3	26	72	2	3	59	112	1	1	87
33	2	3	25	73	5	4	60	113	7	3	91
34	3	1	27	74	2	2	60	114	6	6	91
35	2	2	27	75	2	4	58	115	3	2	92
36	2	3	26	76	3	1	60	116	2	1	93
37	5	3	28	77	4	1	63	117	1	2	92
38	6	1	33	78	3	0	66	118	2	1	93
39	1	2	32	79	0	2	64	119	4	0	97
40	3	0	35	80	4	0	68	120	5	0	102

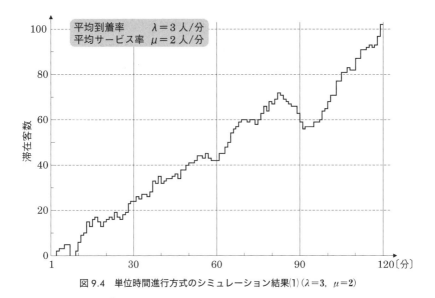

図 9.4　単位時間進行方式のシミュレーション結果(1) ($\lambda=3$, $\mu=2$)

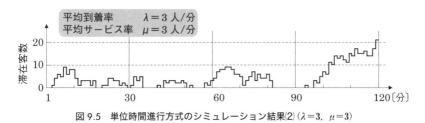

図 9.5　単位時間進行方式のシミュレーション結果(2) ($\lambda=3$, $\mu=3$)

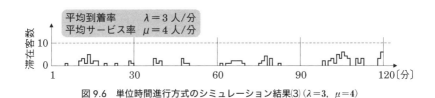

図 9.6　単位時間進行方式のシミュレーション結果(3) ($\lambda=3$, $\mu=4$)

180 分後には 190 人，240 分後には 275 人，300 分後には 364 人に達する（この間の最大は 365 人）．

平均到着率 $\lambda=3$ はそのままで平均サービス率 $\mu=3$ とすれば，両者がつり合うように思われるものの，120 分後の待ち行列は 21 人になっている（**図 9.5**）．シミュレーションを続けると，その後も待ち行列は増え続けて，180 分後には 57 人，

240分後には86人,300分後には115人に達する(最大は125人).

平均到着率 $\lambda=3$ はそのままで平均サービス率 $\mu=4$ とすれば,サービス能力が上回って待ち行列は生じないように思われるものの,120分後の待ち行列は6人になっている(**図9.6**).シミュレーションを続けると,その後も小幅の増減を繰り返し,一時的には20人に達することもあるものの,まもなく0に収まる.

なお,ここで利用したポアソン分布に従う乱数列は,8.3節(新聞売子問題)で紹介したのと同じ方法によって発生させている.ただし,到着客数とサービス能力には異なる系列の乱数列を用いる必要があるので,VBAのRnd関数を用いる際に,前者にはseed=1を,後者にはseed=2を指定した.表9.2に掲載した各120個の乱数を分析すると,到着客数の平均 $\lambda=2.93$ 人,サービス能力の平均 $\mu=2.09$ 人となっている.

9.3.2 事象-事象進行方式のシミュレーション

単位時間進行方式のシミュレーションは,必要な乱数列さえ用意できれば,長い経過時間に関する結果が簡単に得られるという点で優れている.しかしながら,そこから得られる評価指標は,経過時間ごとの滞在客数(あるいは待ち行列の長さ)だけであった.

客の待ち時間や窓口利用の状態などさらに詳細な結果を得るためには,待ち行列モデル(9.1節を参照)を構築して,一人ひとりの客の振舞いを経過時間とともに分析しなければならない.図9.2に示したように,一人ひとりの客は何らかの到着過程に従って到着し,窓口が開いていればすぐにサービスを受け,窓口がふさがっていれば順番を待つ.一人ひとりのサービス時間は何らかのサービス過程に従って割り当てられ,サービスを終えた客は退出する.このように状態変化の起こる時点に注目して記述するシミュレーションの方法を**事象-事象進行方式**という.

(a) $G/D/S$ モデル

まず,1分間に到着する客数は0人か1人でそれぞれの生起確率は1/2(平均到着率 $\lambda=0.5$),窓口におけるサービス時間は1人当たり3分で一定(平均サービス率 $\mu=0.333\cdots$)である $G/D/S$ モデルについて考えてみよう.各時刻の到着客数は,VBAのRnd関数(seed=1)で発生した乱数をもとに,0.5未満の場合を1,0.5以上の場合を0とした(**表9.3**).

9.3 待ち行列問題とモンテカルロ法

表9.3　$G/D/S$モデルにおける各時刻の到着客数

時刻	到着客数	時刻	到着客数	時刻	到着客数	時刻	到着客数	時刻	到着客数
1	1	11	0	21	1	31	1	41	1
2	1	12	0	22	0	32	0	42	1
3	0	13	0	23	1	33	1	43	0
4	0	14	0	24	0	34	0	44	0
5	1	15	1	25	1	35	1	45	1
6	0	16	0	26	1	36	1	46	1
7	1	17	1	27	0	37	0	47	1
8	1	18	1	28	1	38	1	48	0
9	1	19	1	29	1	39	1	49	1
10	0	20	0	30	1	40	1	50	0

図9.7は，窓口数を1としてシミュレーションを行った結果を，時間経過に沿って示したものである．平均到着率が平均サービス率を上回ることから，窓口（サービス中の人数）は常にいっぱいで，待ち人数は着実に増えて50分後には10人に達している．待ち人数は単調に増えるわけではなく，ときには減少しながら全体として増加していく様子は，先のシミュレーション結果と同様である．シミュレーションを続けると，その後も待ち行列は増え続け，100分後には20人，150分後には29人に達する．次に一人ひとりの客に注目して，その待ち時間を見てみると，2人目の客はすでに2分の待ち時間がある．その後に到着する客の待ち時間はどんどん増え続け，21分に到着した11番目の客は10分の待ち時間，41分に到着した22番目の客は23分の待ち時間となることがわかる．

図9.8は，窓口数を2として，上と同様の条件でシミュレーションを行った結果である．窓口数が2倍になることで平均サービス率も2倍になって平均到着率を上回ることから，窓口（サービス中の人数）は常にいっぱいというわけではなく，待ち人数もまれに1〜2人になるだけで，ほとんどゼロである．経過時間を延ばしてシミュレーションを続けても，この傾向は変わらない．次に一人ひとりの待ち時間を見てみると，27人中4人の客にそれぞれ1分間の待ち時間があるだけで，その他の客は待ち時間ゼロでサービスを受けられることがわかる．

(b)　$M/M/S$モデル

次に，最も一般的な待ち行列モデルである$M/M/S$モデルについて考えてみ

9章 待ち行列

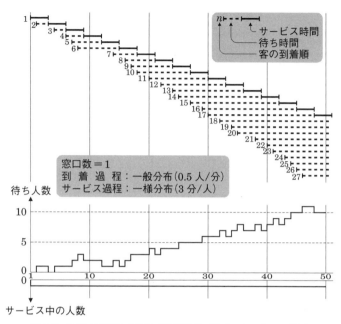

図 9.7 $G/D/1$ モデルの事象–事象進行方式シミュレーション結果

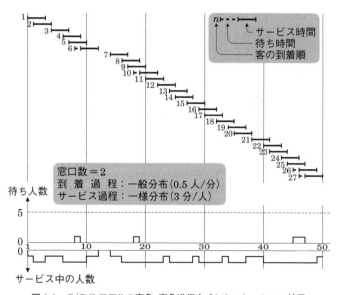

図 9.8 $G/D/2$ モデルの事象–事象進行方式シミュレーション結果

よう.$M/M/S$モデルは,1分間に到着する客数がポアソン分布に従い,窓口における1人当たりのサービス時間は指数分布に従うというものである.このようなシミュレーションを行うためには,到着過程を客の到着間隔で表すと都合が良く,その分布は指数分布に従うことになる.

表9.4 $M/M/S$モデルの到着過程とサービス過程($1/\lambda=5$, $1/\mu=10$)

客番号	到着間隔 (指数分布)	到着時刻	サービス時間 (指数分布)	客番号	到着間隔 (指数分布)	到着時刻	サービス時間 (指数分布)
1		1	9	11	9	39	5
2	3	4	9	12	10	49	9
3	1	5	5	13	9	58	37
4	5	10	16	14	17	75	1
5	8	18	5	15	9	84	12
6	2	20	3	16	1	85	2
7	4	24	8	17	6	91	1
8	2	26	55	18	2	93	27
9	3	29	8	19	3	96	12
10	1	30	14	20	2	98	6

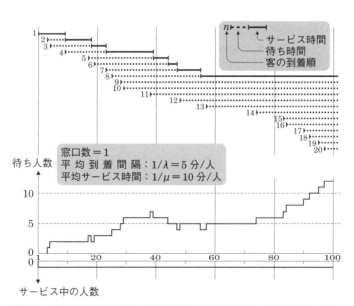

図9.9 $M/M/S$モデルの事象–事象進行方式シミュレーション結果:ケース1

表 9.4 は，客の到着間隔が平均 5 人/分の指数分布に従い，1 人当たりのサービス時間が平均 10 分/人の指数分布に従うときの，到着過程とサービス過程を表している．ここで利用している指数分布に従う乱数列は，ポアソン分布に従う乱数列と同様の方法によって発生させている．ただし，到着間隔とサービス時間には異なる系列の乱数列を用いる必要があるので，VBA の Rnd 関数を用いる際に，前者には seed＝1 を，後者には seed＝2 を指定した．

まず，窓口数を 1 とした場合 = ケース 1 について，上表に従ってシミュレーションを行った結果を，図 9.9 に示した．このケースでは，平均到着率（$\lambda=12$ 人/時間）が平均サービス率（$\mu=6$ 人/時間）を上回ることから，窓口（サービス中の人数）は常にいっぱいで，待ち人数は着実に増えて 100 分後には 12 人に達している．これまでと同様，待ち人数は単調に増えるわけではなく，ときには減少しながら全体として増加している．シミュレーションを続けると，その後も待ち行列は増え続け，200 分後には 23 人，300 分後には 34 人に達する．次に一人ひとりの客に注目して，その待ち時間を見てみると，2 人目の客はすでに 6 分の待ち時間がある．その後に到着する客の待ち時間はどんどん増え続け，26 分に到着した 8 番目の客は 30 分の待ち時間，58 分に到着した 13 番目の客は 89 分の待ち時間となることがわかる．

次に，窓口数を 2 とした場合 = ケース 2 について，上と同様の条件でシミュレーションを行った結果を図 9.10 に示した．窓口数が 2 倍になることで平均サービス率も 2 倍になって，ようやく平均到着率と一致することから，これまでの経験から待ち行列は増え続けるように思われる．しかしながら，二つの窓口は常にいっぱいとなるものの，待ち人数はあまり増加せず，100 分間の平均待ち人数は 1.19 人，300 分間の平均待ち人数は 2.22 人，300 分までの最大待ち人数は 7

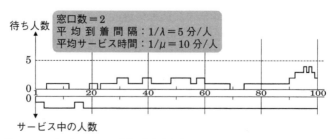

図 9.10　$M/M/S$ モデルの事象-事象進行方式シミュレーション結果：ケース 2

人で, 300 分を超えてゼロになることもある. そして, 26 分に到着した 8 番目の客の待ち時間は 3 分, 58 分に到着した 13 番目の客の待ち時間は 12 分と, 待ち状況は大幅に改善される.

最後に, 窓口数は 1 のまま, 平均サービス時間を 5 分に短縮した場合, つまりケース 3 についてシミュレーションを行った結果を図 **9.11** に示した. 平均到着率 ($\lambda = 12$ 人/時間) と平均サービス率 ($\mu = 12$ 人/時間) が一致することから, ケース 2 と同等の状況になるように思われる. 確かに, 300 分までの最大待ち人数は 8 人で大差はないが, 300 分を超えてゼロとなることはなく, 100 分間の平均待ち人数は 2.45 人, 300 分間の平均待ち人数は 4.15 人で, 上のケースより状況は悪い. なお, 26 分に到着した 8 番目の客の待ち時間は 5 分, 58 分に到着した 13 番目の客の待ち時間は 20 分となる.

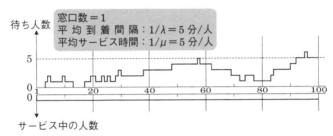

図 9.11　$M/M/S$ モデルの事象–事象進行方式シミュレーション結果：ケース 3

■ 演習問題

9.1　$M/M/1$ システムの窓口利用率を $\rho\ (=\lambda/\mu)$ と置くと, システム内に n〔人〕の客がいる確率は $P(n) = \rho^n \cdot (1-\rho)$ で与えられる（式 (9.3) を参照）.

　(1)　$P(0), P(1), P(2), P(3)$ を求めよ. 次に, システム内の客数が 4 人以上である確率 $P(n \geq 4)$ を求めよ.

　(2)　平均到着率 $\lambda = 9$ 人/時間であるとき, システム内の客数が 4 人以上になる確率を 10% 以下にするためには, 平均サービス率 μ〔人/時間〕をいくらにすればよいかを求めよ.

9.2　あるコンビニエンスストアでは, 平均 1.5 分の間隔で客がレジにやって来る. そして, レジでは 10 分間に平均 8 人の処理を行っている.

(1) 平均到着率 λ, 平均サービス率 μ, 窓口利用率 ρ を求めよ.
(2) 平均滞在客数 L と平均待ち行列長さ L_q を求めよ. 次に, 平均滞在客数を 3 人以下にするためには, レジの平均サービス率をいくらに高めればよいかを求めよ.
(3) 平均滞在時間 W と平均待ち時間 W_q を求めよ. 次に, 平均滞在時間を 4 分以下にするためには, レジの平均サービス率をいくらに高めればよいかを求めよ.

9.3 あるブティックでは, 1 日 (10 時間) に平均 100 人の客がやって来るのに対して, 客 1 人当たりのレジでの応対時間は平均 5 分である.
(1) 現在の状態を $M/M/1$ システムとしてモデル化し, 四つの評価指標, すなわち平均滞在客数 L, 平均待ち行列長さ L_q, 平均滞在時間 W, 平均待ち時間 W_q を求めよ.
(2) レジは一つのままで, 客 1 人当たりの応対時間を半分にしたとき, 四つの評価指標がどのように変化するかを分析せよ.
(3) 客 1 人当たりの応対時間は現状のままでレジを二つに増やしたとき, すなわち $M/M/2$ システムとしたとき, 四つの評価指標がどのように変化するかを分析せよ.
(4) 客 1 人当たりの応対時間は現状のままで, もう一つのレジを遠く離れた場所に設置したとき, すなわち二つの $M/M/1$ システムとしたとき, 四つの評価指標がどのように変化するかを分析せよ.
[ヒント] 平均到着率が半分になったものとして, 一つのレジについて分析すればよい.

9.4 9.3 節「単位時間進行方式のシミュレーション」に関連して, 以下の問に答えよ.
(1) 表 9.2 に示した二つの乱数列について, それぞれがポアソン分布に従うことを検証せよ.
[ヒント] Excel の POISSON 関数を利用すれば, ポアソン分布の確率密度と累積確率の両方を得ることができる.
(2) 平均到着率 $\lambda=6$, 平均サービス率 $\mu=5$ として, 二つの乱数列を発生させ, 表 9.2 (図 9.4) と同様のシミュレーションを行え.
(3) (2)の待ち行列を解消する方策として, ケース A ($\lambda=6$, $\mu=10$) とケース B ($\lambda=3$, $\mu=5$) のどちらが効果的であるかを分析せよ.

9.5 9.3 節の $G/D/S$ モデルに関する「事象-事象進行方式のシミュレーション」に関連して, 以下の問に答えよ.
(1) 1 分間に到着する客数が 0 人, 1 人, 2 人のいずれかで, それぞれの生起

確率が 1/3（平均到着率 $\lambda=1.0$）となるような乱数列を発生させよ．
(2) 窓口が一つ，1人当たりのサービス時間が2分（一定）であるとして，図 9.7 のようなグラフを描き，待ち行列の状況を分析せよ．
(3) 窓口を二つにして，図 9.8 のようなグラフを描き，待ち行列の状況を分析せよ．

9.6 9.3 節の $M/M/S$ モデルに関する「事象-事象進行方式のシミュレーション」に関連して，以下の問に答えよ．
(1) 表 9.4 に示した二つの乱数列について，それぞれが指数分布に従うことを検証せよ．
［ヒント］ Excel の EXPONDIST 関数を利用すれば，指数分布の確率密度と累積確率の両方を得ることができる．
(2) 窓口は一つ，平均サービス時間は 10 分（指数分布），客の平均到着間隔を 10 分（指数分布）としたときの待ち行列の状況をグラフに描き，ケース 2（図 9.10）およびケース 3（図 9.11）と比較せよ．
(3) 窓口は一つ，平均到着間隔は 5 分（指数分布），平均サービス時間を 3 分（指数分布）としたときの待ち行列の状況を分析せよ．そして，安定状態における平均待ち行列長さ L_q や平均待ち時間 W_q の値と，理論値とを比較せよ．

10章
フラクタル

- **本章で学ぶこと**
- 幾何学としてのフラクタルの特徴／フラクタル図形とその描画方法
- フラクタル次元とその計測方法
- フラクタルの応用事例

10.1 フラクタル幾何学

10.1.1 フラクタルの発想

フラクタル（**fractal**）は，マンデルブロー（Benoit Mandelbrot）がラテン語の *fractus*（不規則な断片といった意味の形容詞）から命名した幾何学の概念である．1975年に命名して以来，幾何学の一分野として認知され，多くの研究者によって研究が進められるようになった．最近ではコンピュータグラフィックス（CG）による景観描画や形状解析，ファイル圧縮などさまざまな分野で応用されている．フラクタルで扱われる幾何学の多くはそれまでにも知られていたものであるが，マンデルブローが新分野として意識し，命名した背景にはリチャードソン（Lewis E. Richardson）の研究が大きく影響していた．

リチャードソンは，数値的手法による気象予測や，国家間の衝突を心理的側面から捉えた**リチャードソンモデル**などでも有名で，優れた業績を残している．彼が，当時，百科事典で調べたところ，スペインとポルトガルの国境線の長さはスペインでは987 kmと書かれていたが，ポルトガルでは1 214 kmと書かれていた．

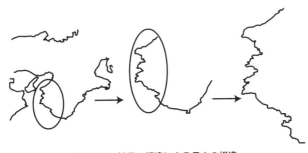

図10.1 縮尺の相違による長さの相違

10章 フラクタル

同様にオランダとベルギーの国境線の長さもオランダでは 380 km，ベルギーでは 449 km とされていた．この違いは国境線を計測する際の縮尺の相違によるものである．

図 10.1 は，紀伊半島の海岸線を例に，ある縮尺の地形図を 2 段階に分けて拡大したものであるが，この三つの地形図を比較すると明らかなように，地図そのものの縮尺の相違によって測定値に差が生じることがわかる．確かに，縮尺が大きいほうが海岸線のギザギザがよく表現された精細な図となり，精度は良くなる．しかし，地図の拡大を重ねて測定すると，拡大するたびに，限りなく長くなってしまう．国境線について，極端な話，仮に分子スケールにまで拡大してその長さを測ったとして，そのような国境線の長さに，一体どのような意味があるだろうか．

一方，ディバイダ（コンパスのような形をした測定器）を使って測定した場合，ディバイダの足の幅 (ε) によって全体の長さ L が異なる．この ε と L の関係について，リチャードソンは実験的に海岸線や国境線を測り，両者の対数をとって図 10.2 のグラフを作成した．

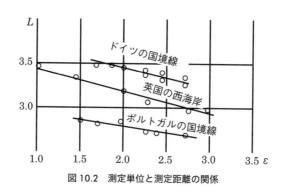

図 10.2 測定単位と測定距離の関係

彼は，測定単位 (ε) と総測定距離 (L) の間には負の傾きがあり，

$$L(\varepsilon) = F\varepsilon^{1-D} \tag{10.1}$$

を満たす指数 D によって地図上の海岸線や国境線の長さを見積もることを試みようとした．しかし，この D について，マンデルブローは，「リチャードソンにとっては単なる指数であったのかもしれないが，重要な意味がありそうだ」と述べている．この D こそがフラクタルの発想の端緒であったと思われる．

10.1.2 フラクタルの特徴

マンデルブローはフラクタルを「**ハウスドルフ次元がトポロジカルな次元より大きくなる集合**」と定義している．ここで，トポロジカルな次元とは，通常の次元であるが，ハウスドルフ次元について，それがどのようにして求められるのかを簡単に説明する．

いま，曲線で囲まれた閉集合 X を，やはり曲線で囲まれたいくつかの小さな閉集合で被覆するとする．被覆するおのおのの閉集合には，その周上の任意の二点を結ぶ無数の直線（径）が存在するが，その最大径を d_i として，$0 < d_i \leq \rho$ のとき，d の k 乗和

$$\sum_{i=1}^{n} d_i^k$$

の集合の下限を

$$M_\rho^k(X)$$

とする．このとき

$$M^k(X) \equiv \lim_{\rho \to 0} M_\rho^k(X)$$

を満たす実数 k を閉集合 X に対するハウスドルフ次元という．簡略的な説明ではあるが，実感としてハウスドルフ次元を求めることが煩雑であることが理解できたと思う．実際問題として，マンデルブローのいうフラクタルの定義を厳密に当てはめることは難しく，ハウスドルフ次元を求めてフラクタルであるか否かを判定することはないと考えてよい．また，後述するように，ハウスドルフ次元以外に，簡易的にフラクタルの特徴を表す次元の算出方法が考案されている．

通常は，フラクタルの最大の特徴として，図形の部分と全体が相似するという**自己相似**（**self-similarity**）を考えることが多い．しかし，この自己相似も，やはり，厳密に定義することは難しい．厳密な定義は難しいが，この観点から，具体例でフラクタルを眺めてみる．例えば，複雑な海岸線では 1/1 000 や 1/25 000 といった異なるスケールで描かれた地形図であっても相似した形状になる部分がある．このように，異なるスケールで形が相似することが自己相似である．このほかにも，木の枝，雲，山岳景観，血管の形状，コンクリートや岩石の亀裂など，自然界から社会現象にわたる日常の至るところにフラクタルが観察できる．図 **10.3**（a）は，実際に存在する株式会社の 22 週にわたる週平均の株価の推移であ

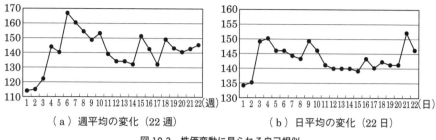

(a) 週平均の変化（22 週）　　(b) 日平均の変化（22 日）

図 10.3　株価変動に見られる自己相似

り，図 10.3（b）は，同じ会社の 22 日間の日平均の株価の推移である．すなわち，図 10.3（a）の最終の 22 日間が図 10.3（b）の推移となっている．このように株価の推移にも厳密ではないものの自己相似が見られる場合が多い．

　実は，マンデルブローがフラクタルを考案したのは，IBM の研究員時代に株価の予測アルゴリズムの研究を始めたのがきっかけであった．その際，株価の変動に自己相似を見出したのであった．

10.2　フラクタル図形

10.2.1　さまざまなフラクタル図形

　前節で例示した自然景観や社会現象以外にも，人工的な自己相似の曲線が数多く考案されている．ここではその中からコッホ曲線とマンデルブロー集合を紹介する．この二つの CG はフラクタルを扱う本であれば必ずといってもよいくらい紹介されている．

（a）コッホ曲線

　コッホ曲線はフラクタルを代表する曲線として紹介されることが多いが，その作成手順は，まず，**図 10.4**（a）で示しているように，長さが 1 の直線を三等分し，その中央に長さが 1/3 の正三角形の 2 辺を描画する．この操作を繰り返すと至る

（a）基本的な線　　（b）3 回操作したコッホ曲線　　（c）4 回操作したコッホ曲線

図 10.4　コッホ曲線

ところに相似の図形ができ，部分と全体が相似した図形が得られる．図 10.4（b）は各辺に図 10.4（a）の基本的な線を作成する操作を 3 回繰り返した図であり，図 10.4（c）はこの操作を 4 回繰り返した図である．

コッホ曲線の始点と終点をつなぎ合わせた図を**コッホ雪片**という．これは正三角形を**イニシエータ**（もとの図形）として 3 辺の各辺で，同様な操作を繰り返して得られる．三角形ではなく正方形の描画を繰り返すコッホ曲線もある．

コッホ曲線を見ると明らかなように，この曲線に接線を引くことはできない．つまり，この曲線を微分することができないことがわかる．微分は，曲線について，それがどのように複雑な形状をしていても，微小部分に細分化することによって細かな直線で近似ができるということを前提としている．しかしフラクタル図形の場合は，微小部分が自己相似な図形となっているため，そのような微分が不可能となっている．

（b） マンデルブロー集合

複素数 Z_n について，$Z_{n+1}=f(Z_n)$ で表される $\{Z_n\}$ を**複素力学系**というが，

$$Z_{n+1}=Z_n^2+C \tag{10.2}$$

において，$|Z_n|$ が発散しないような複素数 C の集合をマンデルブロー集合という．ただし，$|Z|$ とは，x と y を実数として，$Z=x+y_i$ としたときに

$$|Z|=\sqrt{x^2+y^2}$$

で表される数である．複素力学系の定義式自体に自己相似性が連想されるが，このマンデルブロー集合内の複素数について，実数部を横軸座標（実軸），虚数部を縦軸座標（虚軸）にとって複素平面上に描画すると**図 10.5** のようになる．

このように，マンデルブロー集合を描画した図にも，自己相似と思われる部分が随所に見られる．

図 10.5　マンデルブロー集合

10.2.2 中点変位法

地形や山岳などの自己相似な形状や景観を描画する手法に**中点変位法**がある．この手法は，名称が示すとおり，線分の中点を垂直方向に変位させることを繰り

返すことでフラクタルな景観を模倣する手法である．いくつかの変位方法が考案されているが，一例として，線分両端の y 軸方向の座標を y_1, y_2 として式（10.3）に従って中点を変位させてみる．

$$y_m = \frac{y_1 + y_2}{2} + a^n R(-1)^{\mathrm{INT}(R+0.5)} \tag{10.3}$$

ここで，a は変位の刻み幅を設定する 1 未満の係数，n は中点変位法を行う回数，R は 0 以上 1 未満の乱数である．INT は括弧内の小数点以下を切り捨てた整数であり，INT$(R+0.5)$ は 0.5 の確率で 0 か 1 になる．このため式（10.3）で，中点に対する加算項は 0.5 の確率でプラスかマイナスになる．

図 **10.6** は，式（10.3）を用いて，中点変位法によって計算した y 座標を Excel の折線グラフで描画したグラフであるが，折線グラフの各頂点のギザギザを曲線で滑らかにする**スムージング処理**を施してある．図 10.6（a）は中点変位法を 2 回行ったグラフである．つまり，一度，線分の中点の y 座標を変位させ，さらに，変位させた中点と端点によってできた新たな二つの線分に対し，それぞれの中点の y 座標を変位させている．このように，中点変位法では，線分を分割してできる新たな線分の中点を変位させるので，これを n 回繰り返す場合，合計 $2^n - 1$ 点の中点座標を変えることになる．図 10.6（b）は中点変位法を 5 回行ったグラフであり，31 点の y 座標を変えている．なお，両グラフとも，横軸座標は最初の線分の両端点と中点変位法を行った点であり，左から順に番号を振ってある．

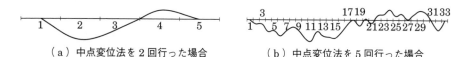

（a）中点変位法を 2 回行った場合　　（b）中点変位法を 5 回行った場合

図 10.6　中点変位法による二次元の図形描画

このように，二次元座標上で直線をイニシエータとしてスムージング処理した中点変位法を繰り返せば，海岸線や山の断面図のような曲線に似た CG を描くことができるが，スムージングをかけないギザギザのグラフにすれば株価の推移を模倣することもできる．また，イニシエータに円や楕円を用いれば，地形図の等高線のような図形を描画することができる．さらに，三次元座標上で標高データに中点変位法を用いれば，山岳景観を表現することができ，球や紡錘形の立体図形に中点変位法を用いれば雲の形に似せることもできる．

10.3 フラクタル次元

10.3.1 フラクタル次元

高校までに学習した**ユークリッド幾何学**では，**次元**（dimension）とは，ある点の位置を示すのに必要な座標の数であり，直線であれば一次元，平面であれば二次元であり，立体空間は三次元である．また，三次元の立体を二次元の平面に描画するように，四次元の物体を三次元上に描画することが試みられることもあるが，四次元以上は理論的な領域であり，現実には存在しない．

このような次元に対し，**フラクタル次元**とは，フラクタル図形の特徴を表す次元であり，フラクタル図形の複雑さを示す指標であるともいえる．すでにハウスドルフ次元については簡単に触れたが，フラクタル図形の次元数は小数点以下のある非整数で表され，一次元と二次元の間にある．また，その図形が単純な構造であれば一次元に近く，複雑な構造になるに従って二次元に近づく．

10.3.2 フラクタル次元の計測

フラクタル次元については，いくつかの計測・算定方法が考案されているが，それぞれの手法によって具体的な値は異なる．このため，フラクタル次元で図形を比較するときは，同じ手法によって求められた次元を用いる必要がある．また，次元の値そのものに絶対的な意味があるのではなく，一つの指標に過ぎないと考えるべきである．

（a） 相似次元

相似性を示す次元であり，人工的に作図された自己相似なフラクタル図形の次元を求める場合に用いられる．いま，ある図形を a 個に縮小した図形 b 個を組み合わせて，その図形の相似を表す基本的な図形ができるとする．このとき

$$D_S = \frac{\log b}{\log a} \quad (10.4)$$

をその図形の**相似次元**（similarity dimension）という．

例えば，図 10.4（a）のコッホ曲線は**図 10.7** で示しているように，もとの直線を 3 等分した縮小図形（図 10.7（a））を四つ組み合

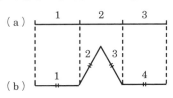

図 10.7 コッホ曲線の構成．
（a）もとの直線の縮小図形．
（b）コッホ曲線の基本的な図形

わせて図 10.7 (b) の基本図形が構成される．したがって，その相似次元は次式となる．

$$D_s = \frac{\log 4}{\log 3} = 1.2618\cdots$$

このような相似次元の計測が可能なのは一部の人工的に作成された図形に限られ，自然景観などに適用することはできない．一方，相似次元の定義を拡張し，全体を縮小した相似な図形で，対象とする図形を被覆して次元を計測する容量次元が考えられた．

(b) ディバイダによる方法

まず，図 10.8 で示しているように，図形全体を直径 d の円で覆ったときに，対象とする図形が n 個の円で覆われたとする．このとき，対象とする図形はこの図で示しているように，各円の直径を結んだ折線で近似することができる．このような d と n をいくつか求め，$\log d$ と $\log n$ の間に負の傾き k の相関があれば，$|k|$ をフラクタル次元とする．確かに，この手法によれば，海岸線のような線状の図形に対しては容易にフラクタル次元を算定することができるが，多くの線が複雑に絡みあってできた図形や景観に適用することは難しい．

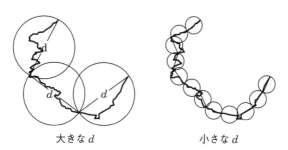

大きな d 　　　　　小さな d
図 10.8　円による図形の被覆

(c) ボックスカウント法 (box-counting method)

図 10.9 で示しているように，まず，図形全体を覆うことができる最小の正方形（一辺が D の正方形）で図形を覆い，次にこの正方形を一辺が d の小さな正方形に細分化する．この細分化した正方形のうち n 個の正方形に図形が描画されているとする．この図では 9 個の小さな正方形に対象とする図形が描かれている．このような d と n をいくつか求め，やはり，$\log d$ と $\log n$ の間に負の傾き k の相関があれば，$|k|$ をフラクタル次元とする．

この手法はどのように複雑な図形に対しても適用することができるので、汎用的な手法としてよく用いられる.

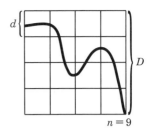

図 10.9 ボックスカウント法

10.4 フラクタルの応用

フラクタルは CG をはじめ，身近な分野で多く利用されているが，ここでは岩石強度の診断にフラクタル次元を用いた事例を紹介する.

(a) 背 景

原子力発電施設の放射性廃棄物処理は，後世の子孫に対する責務として重要な課題となっているが，処理方法の一つに地下施設への貯蔵が考えられている．地下処理施設で長期間保存することによって，放出される放射線がなくなるのを待ち，放射能による汚染を防止しようとする計画である.

このほかにも，さまざまな目的で地下構造物の利用が考えられているが，地下での安全な生活環境の確立や，逆に，廃棄物の人間環境からの完全な隔離を達成するには，まだまだ詳細な研究が必要となっている．中でも岩石の破壊機構の解明は最も重要な課題とされている．そこで，フラクタル次元による岩石の破壊過程の推定を試みる.

(b) 概 要

岩石などに対し三次元方向から均等に圧力をかける試験を**三軸圧縮試験**という．この実験では花崗岩のサンプルを用意し，この岩石が破壊するまで三軸圧縮試験機で徐々に圧力を上げて破壊を進展させる．この間，以下の 6 段階でサンプルを採取し，顕微鏡写真でクラック（岩石のひび割れ）の状況を観察する.

L0：荷重をかけていない状態

L1：破壊荷重の約 40 % を負荷した段階

L2：破壊荷重の約 98 % を負荷した段階

L3：破壊荷重を負荷した段階

L4：破壊が始まった段階（岩石の応力が減少した時点）

L5：破壊が急激に進行している段階（岩石の応力が急激に小さくなった時点）
L6：破壊が完了した段階（岩石の応力がなくなった時点）

ここで応力とは，物体に圧力をかけたときの物体からの反作用である．粘土のようなものに圧力を加えると粘土が変形するために，粘土からの反作用は弱まる．これと同様に，岩石に荷重をかけると，最初は荷重と同じ大きさの反作用があるが，岩石内で破壊が始まると，この反作用は徐々に弱まっていく．

（c） フラクタル次元による破壊過程の推定

図 10.10 は岩石の破壊が進展する過程での顕微鏡写真で，白い筋が岩石に生じたクラックである．これらの画像において，ボックスカウント法でクラックのフラクタル次元を計測し，破壊の進展に伴う変化を描画したところ図 10.11 のようになった．このグラフで横軸は周ひずみといい，岩石破壊が進展するのに伴って生じる岩石の周の長さのひずみである．

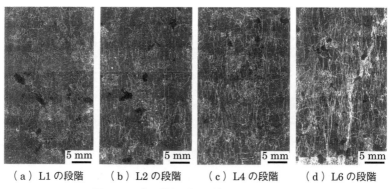

図 10.10 岩石破壊の進展に伴うクラックの変化

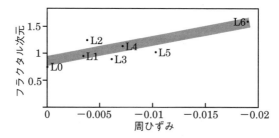

図 10.11 破壊の進展に伴うフラクタル次元の変化

このグラフで幅のある網掛けの直線は，岩石破壊の進展とフラクタル次元に相関が見られることを示したものである．厳密に論じるためには相関係数を求めるべきであるが，サンプル数が少ないので適当ではない．いずれにしても，岩石破壊の進展に伴ってフラクタル次元が大きくなっているのがわかる．これは，岩石内に生じたクラックの形状が複雑なものになっていくためである．

演習問題

10.1 図 10.1 の左端と右端の海岸線の長さをマップメータで測れ．
ただし，左端は 1/10 000 の縮尺，右端は 1/2 500 の縮尺として計算せよ．

10.2 株価の推移が自己相似になっている会社の株式チャートを調べよ．

10.3 図 10.4 は正三角形によるコッホ曲線である．
(1) この図を参考に正方形によるコッホ曲線を作成せよ．
(2) このコッホ曲線のフラクタル次元を求めよ．

10.4 図 10.1 の右端の海岸線のフラクタル次元について
(1) ディバイダ法でフラクタル次元を求めよ．
(2) ボックスカウント法でフラクタル次元を求めよ．

10.5 身の回りにある物体の形状について
(1) ディバイダ法でフラクタル次元を求めよ．
(2) ボックスカウント法でフラクタル次元を求めよ．

11章
カ オ ス

本章で学ぶこと
- カオスの意義／ロジスティック関数のカオス性／リャプノフ指数
- ストレンジアトラクタ
- リャプノフ指数の適用事例

11.1 カオス理論

11.1.1 カオス理論の誕生

カオス（chaos）とは，ギリシャ神話で宇宙創成の最初に出現した巨大な空隙を意味し，あらゆる生が生成するためのエネルギーを秘めた場であった．一方，これを秩序（cosmos）の対語として考えると，規則を見いだすことができない現象，予測不可能な現象，あるいは不安定な現象として捉えることができる．実は，19世紀から20世紀にかけて，さまざまな分野で不思議な挙動を示す関数が発見されており，それらが今日のカオス理論の先駆的な存在であった．

その後，1960年代に入って気象学者のローレンツ（Edward N. Lorenz）が対流問題に関する三変数の微分方程式で表された単純なモデルについて，あるパラメータ領域において不規則な挙動を示すことを発表すると，メリーランド大学のヨーク（James A. Yorke）とリー（当時は大学院生）は，さらに数学的な視点から研究を進めた．その結果，この現象をカオスと命名し，3周期の周期点があればカオスが存在するという**リーとヨークの定理**を発表した（1975）．それ以降，カオス理論という分野が認知され，多くの研究者によって研究が進められてきた．

実は，カオスそのものの特徴については，研究者によって若干の相違がある．本書では，より包括的かつ簡潔に「**時間の経過とともに変化する決定論的なシステムにおいて，初期値に敏感に反応する非周期振動**」とする．この中で「時間の経過とともに変化する決定論的なシステム」は力学系システムとも呼ばれる．このほかにも，フラクタルの特徴でもある自己相似性や，比較的単純な数式で記述されるといった点などをカオスの一面とすることもある．また，カオスであるかどうかの判定についても明確な基準はないが，必要条件として

(1) 非周期である
(2) **リャプノフ指数**が正である

という基準をあげておく．ここで非周期とは周期性をもたないことであり，その判定の可否はともかくとして，それ自体は容易に理解できる．リャプノフ指数については後述する．

11.1.2 ロジスティック関数のカオス性

ロジスティック曲線は人口に関するモデルでも解説したが（第3章），$\alpha, \beta > 0$として

$$\frac{dx}{dt} = (-\alpha x + \beta)x$$

という微分モデルで記述される．これを差分方程式で記述すると

$$x_{n+1} = ax_n(1 - x_n) \tag{11.1}$$

と表すことができる．このとき，aの値によって，x_nは図11.1のように変化する．ただし，横軸は漸化式で計算した回数（n）である．

実は，aの値によってxが以下の挙動を示すことがわかっている．

(1) $0 \leq a \leq 1$では0に収束

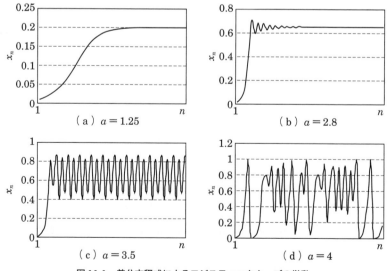

図11.1　差分方程式によるロジスティックカーブの挙動

(2) $1 < a \leq 2$ では $1 - 1/a$ に収束（図 11.1(a)）
(3) $2 < a \leq 3$ では振動しながら $1 - 1/a$ に収束（図 11.1(b)）
(4) $3 < a < 3.569\cdots$ では 2^k 個の周期点を振動（図 11.1(c)）
(5) $3.569\cdots < a \leq 4$ ではカオス性を示し，非周期に振動（図 11.1(d)）

ただし，上記(5)の範囲でも部分的にカオス性を示さない領域がある．

また，カオス性を示す場合は初期値に敏感に反応する．すなわち，初期値をわずかに変化させただけでも，その後の挙動は大きく変動する．

図 11.2 はいずれも $a=4$ の場合のグラフであるが，図 11.2(a)の初期値が $x_0 = 0.001$ であるのに対し，図 11.2(b)はこれを 10^{-6} だけ変えて $x_0 = 0.001001$ のときの挙動である．このように，初期値がわずかに変化しただけでも，その後の挙動が著しく異なるのがカオスの大きな特徴である．

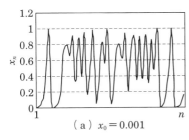
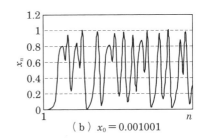

図 11.2　初期値に対する挙動の変化

初期値の変化に敏感だというこの特徴は，例えば流れの速い小川に 2 枚の木の葉を並べて流した場合や高層の建物から同じ大きさの 2 枚の紙を並べて手放したときの挙動などにたとえられることもある．つまり，わずかに違う位置から手放しても，その後の方向は大きく異なるのである．また，この現象を**バタフライ効果**（**butterfly effect**）といって，チョウが羽ばたいただけでも，その空気の振動が伝わるうちに増幅されて風となり，何千 km も離れた遠方に伝わる頃には強風や竜巻となってしまうといった逸話的なたとえ話で表現されることもある．

なお，ロジスティック曲線はリターンマップで求めることもできる．リターンマップとは，漸化式で記述された式の値を順次求めるときに作図されるグラフであり，x_n の変化をリターンマップによって求めると**図 11.3** のようになる．この図は $a=4$ の場合に，$x_{n+1} = 4x_n(1-x_n)$ の二次曲線と傾きが 1（45 度）の直線（$x_{n+1} = x_n$）を用いて，$x_0 = 0.1$ から出発して，$x_1, x_2, x_3, \cdots, x_n$ の値を順次求める手

順を示したものである．まず，$x_0=0.1$ のときの曲線の値（$0.36=x_1$）を直線に写像して，$x_1=0.36$ のときの曲線の値（$0.9216=x_2$）を求め，という具合に，このような操作を繰り返している．なお，直線 $x_{n+1}=x_n$ と二次曲線 $x_{n+1}=4x_n(1-x_n)$ の交点を**不動点**という（この図では原点を含め，2点ある）．

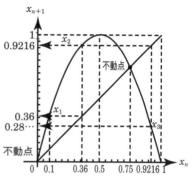

図 11.3 リターンマップによる解析

次に，a の値と周期点の関係を見ると，**図 11.4** のようになる．この図は，横軸に a の値（1 から始まり，0.005 刻みで4 まで）をとり，対応する x_n の変位の状況を示した図である．縦軸は x_n の値であるが，x_n が収束する場合は収束点の値，振動する場合は，その周期点の値である．この図から，周期に関しては

(1) $1<a\leq3$ では1点に収束（図 11.1(a), (b)）
(2) $3<a<3.569\cdots$ では 2^k 個の周期点を振動（図 11.1(c)）
(3) $3.569\cdots<a\leq4$ ではカオス性を示し，非周期に振動（図 11.1(d)）

であることがわかる．ただし，(3)のカオス性を示す領域であっても，a が 3.6 と 3.8 の周辺では，周期点が少なくカオス的ではない部分がある．

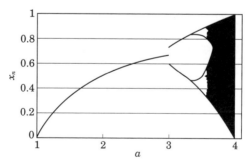

図 11.4 ロジスティック曲線における a の値と周期性

11.1.3 リャプノフ指数

リャプノフ指数（Lyapunov exponent）は，初期値が変化したときにその後の挙動がいかに変化するかを示すもので，カオスであるかどうかを判断するための一

つの指標として使われる．この指数 λ は式（11.2）で表され

$$\lambda = \lim_{n\to\infty} \frac{1}{n} \sum_{i=1}^{n} \log \left| \frac{d}{dx} f(x_i) \right| \tag{11.2}$$

これが正であることが，カオスであることの一つの条件であるといわれている．

ロジスティック関数については，式（11.1）から $f'(x)=a(1-2x)$ であるから，これを用いて式（11.2）のリャプノフ指数を求めると，a の値によって図 **11.5** のように変化する．このグラフから，a が 3.5 を過ぎたあたりから λ が正になり始めカオス性が示されていることがわかる．しかしながら，a が 3.6 や 3.8 を過ぎたあたりで突然，負になる領域があり，先にも述べたとおり，3.5 を過ぎてもカオスではない部分があることがわかる．

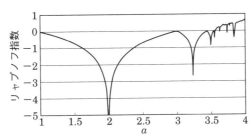

図 11.5 解析的に求めたロジスティック曲線のリャプノフ指数

それでは，例えば a が 3.8 の周辺では何が起こっているのであろうか．図 **11.6** は，$a=3.8$ と $a=3.85$ のときの x_n の挙動を比較したものである．このグラフから，$a=3.8$ ではカオス性が示されているが，$a=3.85$ では特定の周期点を振動しているだけであることがわかる．

さて，式（11.2）はリャプノフ指数が微分値の自然対数の和として表現されているので，微分を用いなければ計算することはできない．しかし，関数によって表現できない事象であっても，微分可能性などの厳密な議論を省けば，微分が傾きであることを利用して，この指数を求めることができる．つまり，数列のような数値の羅列があれば，リャプノフ指数を計算することができる．

いま，何らかの事象を観察した結果，$\{d_1, d_2, d_3, \cdots d_n\}$ といった観測データが得られたとする．このとき，$E_k = |d_{k+1} - d_k|$ とすれば，リャプノフ指数は

$$\lambda = \lim_{n\to\infty} \frac{1}{n} \sum_{i=1}^{n-2} \log \frac{E_{i+1}}{E_i} \tag{11.3}$$

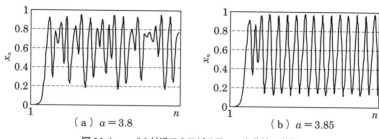

図 11.6　$a=3.8$ 付近でのロジスティック曲線の挙動

を計算することによって簡易的に求めることができる．ただし，精度を上げるためには，隣接したデータの差である E_n に関して，最初のデータ間で計算される E_1 ができるだけ 0 に近くなるようにする必要がある．しかしながら計算機上の近似計算には限界があるので，E_1 を小さくし過ぎると式（11.3）は 0 での除算とみなされ，プログラムが異常終了してしまう．結局，初期値をどのような値に設定して E_1 を決めるかは，試行錯誤に頼るしかない．**図 11.7** は，ロジスティック関数で計算された数列 $\{x_n\}$ の各項の値から式（11.3）を用いてリャプノフ指数を求めたグラフである．微分方程式から解析的に求めた図 11.5 のグラフと比較すると，確かに形状と正負の変化についてはかなりよく似ているが，細かなところで数値には微妙な相違が見られる．

いずれにしても，この手法を用いれば，例えば，心臓の鼓動などの**生体リズム**のように，関数で表すことのできない事象であってもリャプノフ指数を求めて，カオス性の視点から事象の解析を試みることが可能になる．

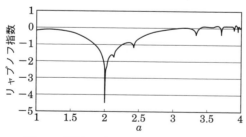

図 11.7　数列から求めたロジスティック曲線の
　　　　リャプノフ指数

11.2 ストレンジアトラクタ

11.2.1 アトラクタ

アトラクタ（attractor）とは，エネルギーの入出力がある散逸系の力学系システムにおいて，十分な時間が経過した後の最終的な収束点の集合をいう．カオスが発見されるまではアトラクタとして，定常的な一点に収束する不動点，周期点の間を振動する周期点（リミットサイクル），準周期的運動を行う**トーラス**（ドーナツのような円環）が知られていた．例えば，空気抵抗によってエネルギーを奪われ減衰しながら停止する振り子は不動点であり，ゼンマイや電気などでエネルギーが与えられて振動を繰り返す振り子時計の振り子は周期点といえる．一方，二つの独立な振動成分をもつ運動はトーラスの表面に沿った回転運動として記述することができるのでトーラスと呼ばれている．しかしながら，カオスが示すアトラクタは複雑な挙動を示し，これらの分類には当てはまらない．このため**ストレンジアトラクタ**（strange attractor）あるいは**カオスアトラクタ**（chaos attractor）と呼ばれている．

11.2.2 ストレンジアトラクタ

（a） 三次元のストレンジアトラクタ

カオス理論の研究が広まるきっかけとなったのがローレンツアトラクタであった．このアトラクタは 1961 年の冬に気象学者であったローレンツによって発見され，その後，気象関係の専門誌に発表された．ローレンツは，子供の頃からの夢であった気象予測を目指して気象学者になったといわれているが，皮肉にも，その彼自身が，対流にはカオス性があり，完全な予測が不可能であることを発見してしまったのである．

このモデルは，平行な壁で囲まれた空間において，片方の壁の温度がもう一方よりも十分に大きいときに生じる対流運動に関する比較的簡単な微分方程式モデルであり，式 (11.4) で表される．この式の σ, r, b がある範囲にあるときストレンジアトラクタとなる．

$$\left.\begin{array}{l}\dfrac{dx}{dt}=-\sigma(x-y)\\[4pt]\dfrac{dy}{dt}=-xz+rx-y\\[4pt]\dfrac{dz}{dt}=xy-bz\end{array}\right\} \quad (11.4)$$

このローレンツモデルを発展させて、以下に示すレスラーモデルが考えられたといわれている.

$$\left.\begin{array}{l}\dfrac{dx}{dt}=-(y+z)\\[4pt]\dfrac{dy}{dt}=x+ay\\[4pt]\dfrac{dz}{dt}=b+z(x-\mu)\end{array}\right\} \quad (11.5)$$

ローレンツアトラクタにおいて、$\sigma=10, r=28, b=8/3$ のとき、このアトラクタは図 11.8(a)のようになる. また、$a=0.2, b=0.8, \mu=5$ のときのレスラーモデルを図 11.8(b)に示す.

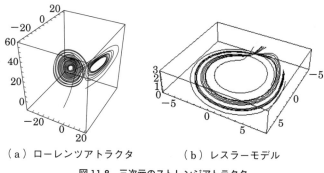

（a）ローレンツアトラクタ　　（b）レスラーモデル
図 11.8　三次元のストレンジアトラクタ

（b）ジャパニーズアトラクタ

実は、ローレンツがストレンジアトラクタを発見した 1961 年の冬に京都大学の上田睆亮もストレンジアトラクタを発見しており、ジャパニーズアトラクタと呼ばれている. このアトラクタは以下に示す微分方程式で表され、ローレンツやレスラーのモデルとは異なり、一元であるが 2 階の微分方程式である.

$$\frac{d^2x}{dt^2} + k\frac{dx}{dt} + x^3 = B\cos t \qquad (11.6)$$

このモデルは $k=0.1$, $B=5$ のとき図 **11.9** のようなアトラクタとなる．

このほかにも多くのアトラクタが考えられてきたが，それらのいくつかを Web サイトで紹介する．

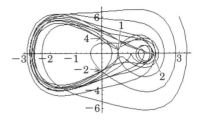

図 11.9　ジャパニーズアトラクタ

11.3 カオス理論の応用

カオス理論は医学や工学の分野で各種の診断システムに応用されることが期待されている．ここではコンクリート構造物の診断に利用することを目的とした事例を紹介する．

（a）背　景

トンネルや橋桁などのコンクリート構造物の内部に空げきが生じ，壁面がはく離してしまうことがある．このようなコンクリート剥離（はくり）が事故につながることを防止するためには日常の点検が不可欠である．有効な検査方法として**打音診断**が行われるが，これはハンマでコンクリート表面を打撃し，そのときの音によって内部の異常を発見する診断法である．

打音から健全性を評価する場合，計測される打音データの周波数特性を評価する方法があるが，小さな欠陥では，正常・異常を適切に判断できないことがある．そこで，打音におけるカオス特性を利用し，リャプノフ指数を計測することで欠陥部分の診断を試みる．

（b）概　要

鋼板の前面にコンクリートを流し込んで作成したコンクリートスラブ（床版）と呼ばれるコンクリートの厚い板に対して診断を行う．このコンクリートスラブを作成する際に，**図 11.10** で示すように，鋼板とコンクリートとの境界部にサイズの異なる発泡スチロールを介在させて人工的な欠陥を再現する．なお，この人工欠陥には**表 11.1** の 3 種類の形状の発泡スチロールを用いる．

表 11.1 人工はく離の大きさ

発泡スチロール（mm²） （厚さ：5 mm）	50×50
	100×100
	200×200

図 11.10 人工欠陥の設置

（c） カオス理論を用いた打音診断

コンクリート構造物の健全部を打撃した場合の打音データと欠陥を有する部分を打撃した場合の打音データには，その打音データの特徴，すなわちアトラクタの位相構造に何らかの差異が捉えられるはずである．そこで，この位相構造の変化を定量的に判断する方法としてリャプノフ指数による解析を試みる．

解析対象である打音データは，一度の打撃から発生する打音データである．このため，図 11.11 で示すように最終的には原点（不動点）に収束するので，持続的にカオスの特性を示すものではない．

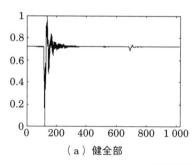

（a）健全部

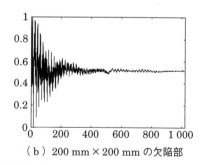

（b）200 mm×200 mm の欠陥部

図 11.11 打音データ

この打音データの再構成アトラクタは図 11.12 のようになった．人工欠陥を有する部位から計測された打音データは健全部のそれと比較して，緩やかに減衰していくのがわかり，両者の再構成アトラクタの相違が明瞭に見て取れる．

次に打音データを 1 024 個に離散化しリャプノフ指数を算出した．図 11.13 は

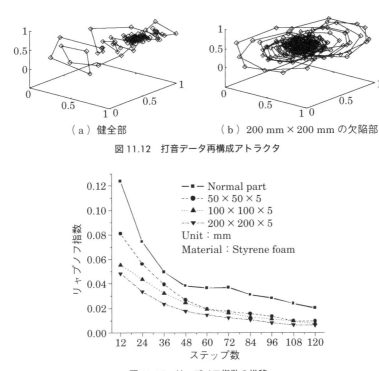

（a）健全部　　　　　　（b）200 mm × 200 mm の欠陥部

図 11.12　打音データ再構成アトラクタ

図 11.13　リャプノフ指数の推移

このリャプノフ指数の推移である．この図で Normal part と記載されたグラフが健全部から得られる打音データのリャプノフ指数の推移であり，最も高い軌跡を描いている．また人工欠陥を有する部位については，その体積に応じて，つまり 50 mm×50 mm，100 mm×100 mm，200 mm×200 mm の小さい順にリャプノフ指数が高い軌跡を描いていることがわかる．

このように，リャプノフ指数の推移を観察することで，健全部・異常部の差別化が可能になる．この手法を用いれば，あらかじめ，健全部のリャプノフ指数の推移を算出しておき，その後の解析で得られるリャプノフ指数との相対的評価から正常・異常の程度に関する判断が可能になると考えられる．

演習問題

11.1 図 11.1 の周期性について考察せよ．

11.2 図 11.14 のグラフのリターンマップを作成せよ．

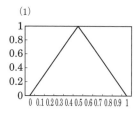
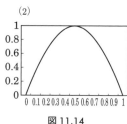
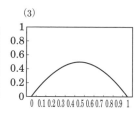

図 11.14

(1) $0 \leq x < 0.5$ では $y = 2x$
   $0.5 \leq x < 1$ では $y = -2x + 2$
(2) $y = 4x(1-x)$　　$(0 \leq x < 1)$
(3) $y = 2x(1-x)$　　$(0 \leq x < 1)$

11.3 式 (11.2) を用いて，ロジスティック関数の $a = 1, 2, 3, 4$ のときのリャプノフ指数を求めよ．

11.4 身近にある現象を数値化し，式 (11.3) を用いてリャプノフ指数を求め，そのカオス性を判定せよ．

12章
機 械 学 習

─ **本章で学ぶこと**
─ 機械学習の意義と学習の種類
─ ニューラルネットワークの学習手法
─ ディープラーニングのネットワーク構造

12.1 機 械 学 習

機械学習とは，人間が行う学習を機械であるコンピュータに行わせることであり，**人工知能**（**AI**：Artificial Intelligence）の草分け的な存在であったアーサー・サミュエル（Arthur Samuel）が提唱した．具体的な学習手法についてはこれまでにさまざまなアルゴリズムが考案されてきたが，大きく

教師あり学習（Supervised Learning）
教師なし学習（Unsupervised Learning）
強化学習（Reinforcement Learning）

に分類される．

教師あり学習は，判断材料となる入力データ（学習データ）に対して，出力されるべきデータである教師データを与えて学習をさせる．入力された学習データに対し，何らかの処理を行ってデータを出力する機構を学習器というが例えば，ラブラドールや柴犬など何種類かの犬の画像を学習データとし，それらの犬種の名前を教師データとすると，学習とは**図 12.1**(a)に示すように，用意したすべての犬の画像に対して教師データである犬種の名前を出力させるよう学習器を調整することをいう．学習後の学習器を学習済モデルというが，この学習済モデルに学習データとは別の画像を入力しても正しい犬種が出力できれば知識が汎化されたことになり，学習は成功である（図 12.1(b)）．学習した画像以外の画像では間違ってしまう場合は知識が汎化されてなく，学習は失敗である．ただし，犬種は学習した種類に限られ，それ以外の犬種にまで識別能力の汎用化は要求されない．

一方，教師なし学習では教師データを用いないで学習をさせる．例えば，学習データである犬の画像をいくつかに分割し，分割画像のピクセル色の統計的な傾

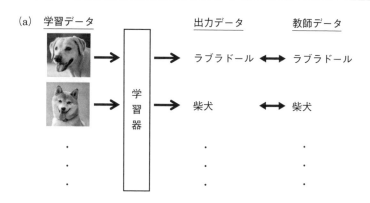

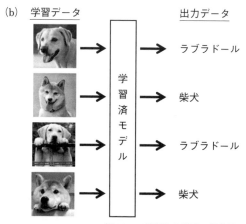

図 12.1　教師あり学習の概念図

向などによって，目とか耳などのカテゴリーの分類を試みることなどが考えられ，学習データそのものを教師データ化する手法ともいえる．

　これに対し，強化学習とは，与えられた学習データから出力される結果の評価を最大化させる学習である．例えば，歩行ロボットの歩行効率を上げたり，囲碁や将棋などのゲームの勝率を上げたり，あるいは自動運転の精度を上げたりするような学習が考えられる．

　機械学習が提唱された当初の 1960 年代はコンピュータのハード的な処理能力に大きな限界があったが，現在では大量データを高速に処理できるようになった．このため，複雑な学習器でビッグデータのような巨大データを用いた学習も可能となっている．

機械学習の中で**ディープラーニング**は，2010年頃から社会的に広く注目されはじめ，防犯カメラの映像識別による犯人逮捕の報道や囲碁・将棋の過去の棋譜を学習した学習済モデルが名人に勝ったことなどが話題となった．このように，機械学習の分野でディープラーニングは今後の活用が大きく期待されているが，原理的には1940年代に考案され1980年代末頃から指紋認証や文字認識などに活用されてきた**ニューラルネットワーク**を踏襲したものである．すなわち，ニューラルネットワークのネットワーク構造を深層化したもので，ニューラルネットワークの発展形態と捉えることができる．ただし，ディープラーニングがニューラルネットワークに取って代わるものではなく，用途によっては今後もニューラルネットワークの活用が期待されている．

本章では，機械学習の例としてニューラルネットワークとディープラーニングを解説するが，まず，ディープラーニングの原点であり，ネットワーク構造や学習則のアルゴリズムが理論的に確立しているニューラルネットワークについて解説し，ディープラーニングについては基本的な学習器の構造を紹介する．

12.2 ニューラルネットワーク

12.2.1 脳のモデル化

（a） 脳の機能と神経細胞の挙動

脳は生命維持のために自分自身をも含めた全身をコントロールしているが，記憶や学習に基づく判断といった高度な機能を通して，天敵や危険から安全に身を守り，より快適な生活を可能にしている．このような脳をモデル化して，高度な機能をコンピュータで実現させることを目的としてニューラルネットワークが考

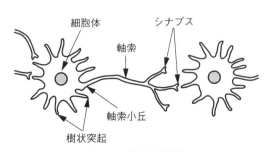

図 12.2 脳の神経細胞

えられた.

さて,脳を電子顕微鏡で観察し,その機能の最小単位ともいえる**細胞**(**cell**)を見ると,概念的に図 12.2 のように描画することができる.この細胞は**ニューロン**(**neuron,神経細胞**)と呼ばれているが,人間の脳には 1/200 mm～1/10 mm のニューロンが大脳に数百億,小脳に一千億ほどあるともいわれ,それらが総延長 100 万 km に及ぶシナプスによって互いに結合し,電気信号で情報を交換している.

構造的には,図 12.2 で示しているように,中心に**細胞体**(**soma**)があり,**軸策**(**axon**)を通して他の細胞に信号を送り,他の細胞からは**樹状突起**(**dendrite**)に結合している**シナプス**(**synapse**)を通して信号が送られてくる.具体的には秒速数十～100m で移動するナトリウムやカリウムなどのイオンの流出入によって細胞体の電位が変化しており,この電位が一定値を超えたときに他のニューロンに信号が送られる.このような現象を発火と呼んでいるが,**ヘッブの学習則**(Donald O. Hebb)によれば,ニューロンからニューロンへの**シナプス結合**は両者が発火したときに強まるといわれている.

(b) ニューロン

生物の神経系としての**ニューロン**は,19 世紀後半から研究が進められてきたが,1943 年に**マカロック**(Warren S. McCulloch)と**ピッツ**(Walter J. Pitts)によってモデル化された.これは**図 12.3**(a)に示すように,**ユニット**と呼ばれるニューロンが,発火するか否かで 1 か 0 を出力するモデルである.すなわち,他のユニットから送られてくる 0 か 1 の値とシナプス強度を表す結合荷重をかけた総和が入力値であり,これが**しきい値**と呼ばれる一定値を超えたときに発火して 1 を出力し,しきい値以下であれば 0 を出力する(図 12.3(b)).このマカロックとピッツのモデルを基点として,さまざまなニューロンモデルが提唱された.

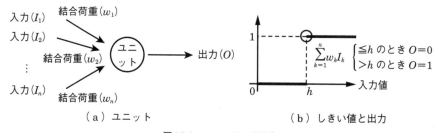

(a) ユニット　　　　　　　(b) しきい値と出力

図 12.3　ニューロンモデル

ニューラルネットワークでは，ニューロンを表す複数のユニットをネットワークとして結合させる．ユニットの結合形態は，大きく**階層型**と**相互結合型**に分類でき，学習のアルゴリズムは結合形態によって異なる．

12.2.2 ネットワークの分類
（a） 階層型ネットワーク

階層型のネットワークは図 **12.4** (a) で示しているように，各ユニットが，**入力層**，**中間層**（隠れ層ともいう），**出力層**によって層状に結合しているネットワークであり，中間層の各ユニットはすべての入力層のユニットからデータを入力し，出力層の各ユニットはすべての中間層のユニットからデータを入力する．

学習とは，ネットワークの出力値が，出力されるべき値である**教師データ**と等しくなるように**結合荷重**を変化させることである．あまり現実的な例ではないが，具体例として，ジャンケンのルールの学習を考えてみる．ただし，対戦者は2人で，引分け（アイコ）はないものとする．

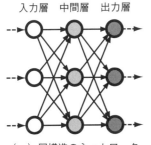
（a）層構造のネットワーク

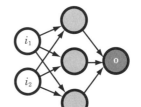
（b）ネットワークでの学習例

図 12.4　層構造のネットワーク

図 12.4 (b) のネットワークで2人のジャンケンの手が i_1 と i_2 に入力されて計算され，出力ユニット（o）に出力される．グーを 0, チョキを 1, パーを 2 という数値で表現すると，勝者を推測するための学習データは，例えば**表 12.1** (a) のように作成できる．表 12.1 は，引分け

表 12.1　入力データ（i）と教師データ（T）
(a)　学習データ　　(b)　テストデータ

i_1	i_2	T
0	1	0
0	2	2
1	0	0

i_1	i_2	T
1	2	1
2	0	2
2	1	1

〔注〕　0：グー，1：チョキ，2：パー

がない場合に2人がジャンケンで出す手の組合せを列挙し，半分を学習データ（表12.1（a））とし，残りの半分をテストデータ（表12.1（b）Tの列を除く）としている．この学習データに従うと，例えば，入力が(0,2)ならば教師データは2である．したがって，(0,2)が入力された場合は，出力値が教師データである2に等しくなるように結合荷重を変化させる．この手順を繰り返し，表12.1（a）のすべての学習データを満足するネットワークの結合加重が決定された時点で学習は終了する．

学習の終了後，ネットワークがジャンケンのルールを理解しているかを表12.2（b）のテストデータでテストする．このように，一部の事例をネットワークに与えてルールそのものを学習させる場合もあるが，最初から，表12.1（a）とともに表12.1（b）も学習データとして与え，すべてのルールを学習させる場合もある．

ところで，図12.4（b）では，各ユニット間の結合は9本あるので，それぞれの荷重について，仮に-1から1の範囲で，かなりラフに0.1刻みに変化させて最適な荷重を求めたとしても，その場合の数は$21^9 ≒$約7 900億通りにのぼる．例えば，ネットワークの入力から出力までの計算が1秒に1万回可能だとしても，7 900億通りの処理には約920日（約2年半）の時間が必要になる．全ケースの検索が必要になるとは思えないが，効率的に最適荷重を探索するアルゴリズムが不可欠となる．ニューラルネットワークでは，このアルゴリズムのことを**学習則**という．

（b） 相互結合型ネットワーク

相互結合型のネットワークは，**図 12.5** で示しているように，各ユニットが相互に結合しているネットワークであるが，自分自身のユニットへの結合はない．階層型のネットワークとは異なり，教師データによって学習するのではなく，ネットワーク全体が一定の均衡に**収束**することで学習が達成される．しかし，このネットワークでも，図12.5で示しているわずか5ユニットのモデルでさえ10本の結合がある．したがって，その結合値を愚直に計算すれば，やはり天文学的な処理時間が必要になる．このため，このネットワークにおいても収束には効率的なアルゴリズムが不可欠となる．

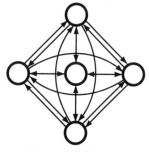

図12.5　相互結合型のネットワーク

12.2.3 学　　習　　則
（a）　階層型ネットワークの学習
ローゼンブラット（Frank Rosenblatt）によって 1957 年に考案された**パーセプトロン**（**perceptron**）は，入力層と中間層間の結合加重を固定して，中間層と出力層間の結合加重を変化させることによって学習を行った．特に，出力ユニットが一つの場合を**単純パーセプトロン**という．この学習則では，例えば，式（12.1）のように結合加重を変化させる．

$$W_{t+1} = W_t + \varepsilon (T-O) I \tag{12.1}$$

ここで，t は計算の繰返し回数であり離散的な時刻を表す．また，W は結合加重，ε は正の係数，T は教師データ，O はネットワークの出力値，I はネットワークの入力値であり，学習は以下の手順で行われる．

① 入力データと教師データを準備する．
② 乱数によって結合荷重の初期値を決定する．
③ 出力データを計算する．
④ 出力データと教師データの誤差が許容範囲を超えている場合は結合荷重を更新して③に戻るが，許容範囲内であれば学習を終了する．

当初，パーセプトロンは**パターン認識**などへの応用が期待されたが，**排他的論理和**などのように，**線形分離**ができない問題を学習することが不可能であることが**ミンスキー**（Marvin Minsky）と**パパート**（Seymour Papert）らによって指摘され，研究は暗礁に乗り上げた．その後，より複雑な学習を可能にするアルゴリズムの考案が待たれた．

このパーセプトロンから実に 30 年後の 1986 年に**ラメルハート**（David E. Rumelhart）らによって**バックプロパゲーション**（**back propagation**；誤差逆伝播法）が考案され，入力層と中間層間の結合加重も変化させることによって，より複雑なモデルの学習が可能となった．

いま，ユニット j の入力値 I_j と出力値 O_j に式（12.2）の関係があるとする．

$$\left.\begin{array}{l} I_j = \sum_j W_{j,i} O_i + \theta_j \\ O_j = f(I_j) \\ f(x) = \dfrac{1}{1+\exp(-x)} \end{array}\right\} \tag{12.2}$$

ただし，W は結合加重，θ はしきい値である．また，ユニットの入力に対し出

力を計算する関数 $f(x)$ は，**活性化関数**と呼ばれ，微分式を原始関数で表現できるのが要件であり，式 (12.2) の右辺以外にもさまざまな関数が考案されている．学習は，出力値と教師データの誤差を小さくすることであるから

$$\text{Min } E \equiv \frac{(T-O)^2}{2} \tag{12.3}$$

で定式化することができ，この目的関数は**山登り法**を用いて

$$W_{t+1} = W_t + \alpha \frac{\partial E}{\partial W}, \quad \theta_{t+1} = \theta_t + \beta \frac{\partial E}{\partial I}$$

によって達成することができる．ただし，α と β は山登り法における刻み値であり，大きくすると精度が低下し，小さくとると処理時間が長くなる．また，t は離散的な時刻を表す．ここで，中間層を j，出力層を k とすると

$$\frac{\partial E}{\partial W_{k,j}} = \frac{\partial E}{\partial O_k} \frac{\partial O_k}{\partial I_k} \frac{\partial I_k}{\partial W_{k,j}}, \quad \frac{\partial E}{\partial I_k} = \frac{\partial E}{\partial O_k} \frac{\partial O_k}{\partial I_k}$$

とできる．ただし，$W_{k,j}$ は j 層から k 層への結合加重である．一方，式 (12.2) から $f'(x) = f(x)(1-f(x))$ であるので

$$\frac{\partial O}{\partial I} = O(1-O)$$

となり，結局，中間層と出力層については

$$\begin{cases} W_{t+1} = W_t + \alpha(T-O_k)O_k(1-O_k)O_j \\ \theta_{t+1} = \theta_t + \beta(T-O_k)O_k(1-O_k) \end{cases} \tag{12.4}$$

によって山登り法を達成することができる．同様に入力層と中間層間の結合加重としきい値については

$$\frac{\partial E}{\partial W_{j,i}} = \frac{\partial E}{\partial O_k} \frac{\partial O_k}{\partial I_k} \frac{\partial I_k}{\partial O_j} \frac{\partial O_j}{\partial I_j} \frac{\partial I_j}{\partial W_{j,i}}$$

$$\frac{\partial E}{\partial I_j} = \frac{\partial E}{\partial O_k} \frac{\partial O_k}{\partial I_k} \frac{\partial I_k}{\partial O_j} \frac{\partial O_j}{\partial I_j}$$

であるので

$$\begin{cases} W_{t+1} = W_t + \alpha(T-O_k)O_k(1-O_k)W_{kj}O_j(1-O_j)O_i \\ \theta_{t+1} = \theta_t + \beta(T-O_k)O_k(1-O_k)W_{kj}O_j(1-O_j) \end{cases} \tag{12.5}$$

の演算を繰り返すことによって式 (12.3) の E の値を降下させることができる．すなわち，バックプロパゲーションでは，入力値から出力値を計算した後に，今度は出力値をもとに中間層と出力層間の結合値を変え，さらに中間層と入力層間

の結合値を変える．この操作を繰り返し，出力値と教師データの差である式(12.3) の E が，あらかじめ決めておいた許容誤差以下になった時点で学習を終了する．この名称のプロパゲーションは伝播という意味であるが，入力層からの計算とは逆に，出力結果から入力層に向かって結合値を変化させるので，伝播が後ろ向きにも伝わるという意味でこの名称がつけられたと思われる．

学習の手順は，以下のようになる．

① 入力データと教師データを準備する．
② 乱数によって結合荷重の初期値を決定する．
③ 出力データを計算する．
④ 出力データと教師データの誤差が許容範囲を超えている場合は結合荷重を更新して③に戻るが，許容範囲内であれば学習を終了する．

なお，式 (12.2) の $f(x)$ は**シグモイド関数**と呼ばれ，**図 12.6** で示しているように出力値は 0 より大きく，1 未満である．また，このグラフからも明らかなように，おおむね，-3 以下の入力値や 3 以上の入力値では出力値の差がわずかになるため，そのような範囲の入力値は避けるべきである．

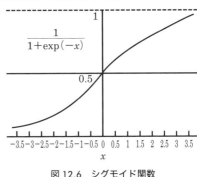

図 12.6　シグモイド関数

（b）　相互結合型ネットワークの学習

相互結合型のネットワークに関しては**ホップフィールド**（John J. Hopfield）により，**ネットワークのエネルギー**という概念を導入して学習則が考えられた（Hopfield model, 1982）．このネットワークの大きな特徴は，ユニット i からユニット j への結合加重 $w_{j,i}$ とユニット j からユニット i への結合加重 $w_{i,j}$ が等しいことであり，各ユニットは

$$u_i(t) = \sum_j w_{i,j} v_j(t) + \theta_i$$

として，式 (12.6) に従って 0 か 1 の出力を行う．

$$\left.\begin{array}{l} u_i(t) \geq 0 \text{ のとき，} v_i(t) = 1 \\ u_i(t) < 0 \text{ のとき，} v_i(t) = 0 \end{array}\right\} \quad (12.6)$$

ここで，u_i と v_i はユニット i の入力値と出力値であり，θ_i はユニット i のしきい値，t は離散的な時刻である．この式の意味するところは，ユニット i はほかのすべてのユニットの出力に結合加重を掛けて入力し，それとしきい値の和によって出力値を決定するということである．ただし，時刻 t から $t+1$ にかけて出力値が変化するユニットは一つだけである．

ホップフィールドモデルでは，ランダムに選ばれた一つのユニットに対し，式 (12.6) に従ってこのユニットの出力値を変化させるという操作を繰り返す．このとき，ネットワークのエネルギーを式 (12.7) のように定義する．

$$E(t) = -\frac{1}{2}\sum_i \sum_j w_{i,j} v_i(t) v_j(t) - \sum_i \theta_i v_i(t) \tag{12.7}$$

いま，時刻 t から $t+1$ までの変化をもたらしたユニットを k とすると，この間のエネルギー差 $\Delta E \equiv E(t+1) - E(t)$ は，ユニット k のみの変化によるものであるので

$$\Delta E = -\frac{1}{2} v_k(t+1) \sum_j w_{k,j} v_j(t+1) - \frac{1}{2} v_k(t+1) \sum_i w_{i,k} v_i(t+1) - \theta_k v_k(t+1)$$
$$- \left\{ -\frac{1}{2} v_k(t) \sum_j w_{k,j} v_j(t) - \frac{1}{2} v_k(t) \sum_i w_{i,k} v_i(t) - \theta_k v_k(t) \right\}$$

となる．ここで，k 以外のユニットは変化しないので，k 以外のユニットでは $v(t+1) = v(t)$ であり，また

$$\sum_i w_{i,k} = \sum_j w_{k,j}$$

であることから，結局，ΔE は

$$\Delta E = -v_k(t+1) \sum_j w_{k,j} v_j(t) - \theta_k v_k(t+1) + v_k(t) \sum_j w_{k,j} v_j(t) + \theta_k v_k(t)$$
$$= -\left\{ \sum_j w_{k,j} v_j(t) + \theta_k \right\} \{ v_k(t+1) - v_k(t) \}$$
$$= -u_k(t) \{ v_k(t+1) - v_k(t) \} \tag{12.8}$$

となる．

式 (12.8) から，$v_k(t+1) = v_k(t)$ のときは $\Delta E = 0$，$v_k(t+1) > v_k(t)$ のときは $u_t(t) > 0$（∵ 式 (12.6)）なので $\Delta E < 0$，$v_k(t+1) < v_k(t)$ のときは $u_t(t) < 0$（∵ 式 (12.6)）なので $\Delta E < 0$ となることがわかる．このように，式 (12.6) の規則に従ってネットワークを操作すれば，式 (12.7) のエネルギーは変化しないか減少する

かのいずれかで，少なくとも増加することはない．これは，ネットワークのエネルギーが図 12.7 で概念的に示しているように谷に向かうことを意味する．しかし，この谷はネットワークの初期状態によって決定されるものであり，**多峰構造**の一つの極小点に過ぎず，最小点である

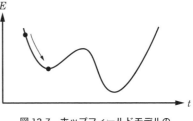

図 12.7 ホップフィールドモデルの
エネルギー減少過程

保証はない．たまたま最小点である可能性もあるが，エネルギーが増加することはないので，初期状態で決定される谷以外の谷に向かうことはない．

学習は，各ユニットの初期値を用意して以下の手順を繰り返して行われる．

① 乱数によって結合荷重の初期値を決定する．
② 出力値を更新するユニットを決定する．
③ このユニットへの入力値を計算し，式（12.6）の規則に従って出力値を更新する．
④ エネルギーが，あらかじめ決めておいた一定値以上であれば②に戻るが，以下になれば学習を終了する．

なお，式（12.6）で $u_i=0$ のときに v_i の値を変化させない方法や，出力値を -1 と 1 にする方法もある．

ホップフィールドモデルの発展形態ともいえる**ボルツマンマシン**は，ネットワーク構造，エネルギー関数はホップフィールドモデルを踏襲しているが，選択されたユニットの出力値は，式（12.9）に示す確率で 1 に決定させる．

$$P=\frac{1}{1+\exp(u_i(t)/T)} \quad (12.9)$$

ここで，$u_i(t)$ は，ユニット i の入力値であり，T はネットワークの温度と呼ばれるパラメータである．

この式（12.9）はバックプロパゲーションにおけるシグモイド関数と似ており，T の値により，図 12.8 のように変化する．すなわち，T が 1 のときは，式（12.2）のシグモイド関数となり，T が大きくな

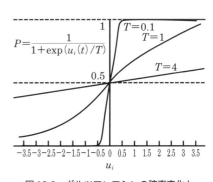

図 12.8 ボルツマンマシンの確率変化と
温度 T の関係

ると 0.5 で横軸に平行な直線に近づき，T が 0 に近づくとホップフィールドモデルのしきい値関数に近い形状になる．

図 12.8 のグラフから T が 0 に近づくとホップフィールドモデルの挙動に近づき，その時点での極小点にエネルギーが収束することが直観的に推察できる．またホップフィールドモデルと同様に式 (12.8) のエネルギー変化を見ると，ユニットの出力値は式 (12.6) の規則には従わずに確率的に変化するので，$v_k(t+1) > v_k(t)$ のときに $u_t(t) > 0$ になるとは限らず，また，$v_k(t+1) < v_k(t)$ のときも $u_t(t) < 0$ になるとは限らない．このようにエネルギーが増加することもあるので，極小値に向かうのではなく，図 12.7 で概念的に示している隣の谷に飛び越えて最小点に向かうことが期待される．実際，$T(t)$ が式 (12.10) に従うとき，ネットワークが最小点に収束する（c は適当な定数）．

$$T(t) \geq \frac{c}{\log(1+t)} \tag{12.10}$$

式 (12.10) に従って T を高い温度から緩やかに下げ，最終的に 0 に近づければ，エネルギーが最小の状態にネットワークを収束させることができる．この方法は，金属加工における「焼きなまし」工程に似ていることから，**焼きなまし法**（**simulated annealing**）と呼ばれている．図 **12.9** は $c=1$ のときに式 (12.10) に従って温度を変化させた例で，横軸が計算回数，縦軸が温度の変化である．c を小さくとれば，小さな値から出発するので，結果的にホップフィールドモデルと同じような挙動となってしまう．しかし，大きな値を設定すると，分母が対数であるために，0 への収束が遅くなり，処理に時間がかかることになる．

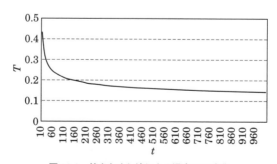

図 12.9　焼きなまし法による温度 T の変化

12.3 ディープラーニング

ディープラーニングの学習器は階層型のニューラルネットワークを拡張した構造となっており，学習のアルゴリズムはより複雑化している．これまで解説した中間層が1層のニューラルネットワークでは中間層のユニットを増やすと学習の汎用性が増すと考えられているが，ディープラーニングでは，中間層を2層以上に深層化することでさらに汎化性を向上させようとしている．

これまでに考案されている中間層の構造は多様であるが，それぞれの構造や情報の伝達方法に対応して学習則が考えられており，プログラミングに使用される環境やツールも異なる．一般的には，個人で学習のアルゴリズムを考えてプログラムを作成するのではなく，企業や大学が提供するオープンソースや有償・無償のパッケージなどを使用する．いずれの学習則でも学習には膨大な行列計算が必要となるが，**GPU**（Graphics Processing Unit）を利用してハード的に処理速度を高めている．GPUは，本来はグラフィック処理のために開発されたが，アフィン変換などの画像変形は基本的には行列計算の繰り返しであるため，このハードウェアの利用がディープラーニングの処理時間の短縮に有効である．

中間層を多層化するディープラーニングでは，これまでにさまざまな学習器が考案されており，学習器の特性によって得意とする適用分野が異なる．今後も新たなネットワーク構造や学習則が考案されると思われるが，原型としては，**順伝播型ニューラルネットワーク**（**FNN**：Feedforward Neural Network），**畳込みニューラルネットワーク**（**CNN**：Convolution Neural Network），**再帰型ニューラルネットワーク**（**RNN**：Recurrent Neural Network）の三つに分類できる．そこで，本書ではこの三つのネットワーク構造と学習則について概要を説明する．

12.3.1 順伝播型ニューラルネットワーク

順伝播型ニューラルネットワークは，多層パーセプトロンとよばれることもあるが，**図12.10**に示すように，前節で解説した階層型ニューラルネットワークの中間層をそのまま多層化したネットワークであり，情報が入力側から出力側へと1層ずつ順番に送られる．中間層を2層以上に深層化することでさらなる汎化性の向上が試みられたが，誤差逆伝播法では，中間層を多層にするほど逆伝播の過程で各層の重みの勾配が急速に消失あるいは発散してしまう**勾配消失問題**が生じ

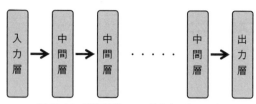

図12.10　順伝播型ニューラルネットワーク

てしまう．結果として，学習自体は収束するが汎化性が劣化する過適応（過学習）となってしまう．

このためニューラルネットワークの研究は停滞したが，2006年に**ヒントン**（Geoffrey E. Hinton）らのディープビリーフネットワーク（Deep Belief Network）の研究を契機に再び盛んになった．ヒントンらの研究で行われた**事前学習**（pretraining）が，順伝播型のニューラルネットワークでも勾配消失の回避に有効であることがわかったからである．

事前学習とは，学習前にユニット間の結合値やしきい値などのニューラルネットワークのパラメータの値を求めることである．具体的には，多層ニューラルネットワークを層ごとに単層ネットワークに分解し，**制約ボルツマンマシン**（restricted Boltzmann machine）や**自己符号化器**（autoencoder）を用いた教師なし学習によって求める．このようにして求めたパラメータをネットワークの初期値として学習を行うと過適応が回避されることがわかった．ここで，制約ボルツマンマシンは，前述した相互結合型のボルツマンマシンと同じようにユニット間結合が双方向性をもち，ネットワークの挙動が確率的に記述され，自己符号化器では，入力データの特徴を取得する．

12.3.2　畳込みニューラルネットワーク

畳込みニューラルネットワークは，眼から入った光景を識別する機構をモデル化したものである．網膜に映った光景は電気信号に変換されて後脳の視覚野に伝達され，単純型細胞と複雑型細胞とよばれる細胞で処理される．単純型細胞は，局所的に映った画像の特定の傾きなどに反応する細胞であり，複雑型細胞は，多数の単純型細胞からの信号を受けてこれを統合する細胞である．畳込みニューラルネットワークは，**図12.11**に示すように単純型細胞を模した**畳込み層**（convolution layer）と複雑型細胞を模した**プーリング層**（puling layer）の互層構

造の後に通常の全結合層で構成されるが，ネットワークを提供する企業や大学などによって畳込みやプーリングに関して実にさまざまなメカニズムや組合せが考案されている．

畳込み層では，基本的には画像のフィルタリングが行われる．例として，**図12.12**に示すように3×3のフィルタを用いる場合，原画像のp_0～p_8の画素値に対してフィルタのf_0～f_8の値を用いて，例えば式(12.11)でp_0の画素値を置き換える．

$$p_0 = \sum_{i=0}^{8} f_i p_i \tag{12.11}$$

フィルタの各要素の値を**オペレータ**というが，画像の輪郭抽出や濃淡抽出など，目的に応じてさまざまなオペレータや演算手法が用いられる．また，原画像に対してフィルタを1画素ずつ移動させるのではなく何画素か飛ばして移動させる**ストライド**（stride）とよばれる簡素化により処理時間を短縮することもある．いずれにしても上下端の行や左右端の列の画素は置き換えることができないため，これを置き換えられるように原画像の端の行と列に画素を追加する**パディング**

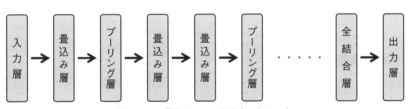

図12.11　畳込みニューラルネットワーク

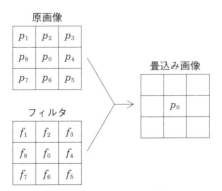

図12.12　畳込み処理の概念

(padding)とよばれる処理が行われることがある．フィルタリング後の値に**活性化関数**を用いて畳込み層の最終的な出力値が得られる．なお，画素値は，例えば画像がRGBで与えられれば1画素に対してRGBの三つのチャネルがあり，チャネルの数だけ畳込み処理が並行して行われる．

畳込み層の後にプーリング層を配置するが，プーリング層では複雑型細胞を模して畳込み層の出力を統合する．具体的には，畳込みで出力された画素をk行×k列ごとに走査し，その画素の代表値で中心の画素値を置き換えるが，走査する行列の中の最大値や平均値などいくつかの代表値が考案されている．なお，畳込みニューラルネットワークでも事前学習が行われることがある．

画像そのものが何を表しているのかを分類する画像分類の目的で使用される場合には，出力層に**ソフトマックス関数**（softmax function）が用いられることがある．この関数では，ネットワークからnユニットの出力（u）がある場合，最終的な出力層のk番目のユニットの出力値（y）は式（12.12）で計算され，確率として解釈される．

$$y_k = \frac{\exp(u_k)}{\sum_{i=1}^{n}\exp(u_i)} \tag{12.12}$$

12.3.3 再帰型ニューラルネットワーク

再帰型のニューラルネットワークは，会話や文書，動画などのように時間的な順序で並べられる時系列データの処理のために考えられたが，やはり提供する企業や大学などによってさまざまな構造のネットワーク，学習則が考案されている．いずれにしても，時系列のデータの解析では，時刻tに与えられたデータだけではなく，時刻tよりも前のデータの解析結果を参照してデータ解析が行われる．

そのような学習を可能とする典型的なネットワーク構造とデータの流れを図**12.13**に示す．層数としては，中間層が1層のネットワークであるが，時刻tの中間層には，時刻tの入力データとともに，時刻$t-1$の中間層と出力層の出力データが与えられて学習を行う．このため，中間層が一つでも実質的には深層構造となる．

この際，長期に記憶を保持するために情報の保持・忘却を行うメモリユニットを中間層のユニットに置き換えた長・短期記憶（Long-Short-Term Memory）と

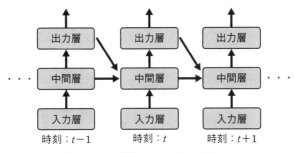

図 12.13　再帰型ニューラルネットワーク

よばれる機構が利用されることもある．メモリユニットは，記憶を保持するメモリセルと外部からの入力を受けるユニット，外部に出力するユニット，記憶を忘却するゲートから構成される．なお，目的に応じて出力層にソフトマックス関数が用いられることもある．

12.4　ニューラルネットワークとディープラーニングの応用例

12.4.1　ニューラルネットワークの応用例

　ニューラルネットワークやディープラーニングの学習では過去に実績のある学習を除いて，最初から学習が成功することはまずない．失敗した場合，他の事例などを参考に学習データを変えて試行錯誤を繰り返す．逆にうまく学習できたとしても，学習メカニズムには未解明な部分が多く，なぜ成功したのか明確にはわからないのが現状である．しかし人間の判断や推論を自動化する有効な手法であることは確かであり，今後，さまざまな分野で効果を発揮することが期待されている．

　ここでは，まずニューラルネットワークの応用例として，文字認識の基本手順を紹介する．手書きの文字は書く人の個性が表れ，同じ文字でもさまざまな形で描画されるが，ここでは，バックプロパゲーションでニューラルネットワークによる文字認識の手順を紹介する．

（a）　教師データの作成

　まず，特定の文字を学習するための教師データとなる文字を用意する．図 12.14（a）に示した例では，7×7（計 49 個）の格子状の正方形に区切った枠内に

学習用の文字としてアルファベットのAを記述している．この例では特徴のあるパターンを三つ用意しているが，パターン数が多いほど汎用化は高まる．しかし，あまり多くのパターンを用いると，パターンそのものに他の文字と似た特徴が現れてしまうので注意が必要である．例えばアルファベッ

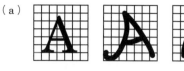

図12.14　学習データとテストデータ．
(a) 学習データ，(b) テストデータ

トのAと数字の4は，書き方によっては混同しやすい．

次に入力データを作成する．ここでは，格子状のマスに文字の一部が描かれていれば1，文字が全く描かれていなければ0とする．図12.14 (a) の左端の文字の場合，入力値は，各行を左から読むと，上から順に

　　　0000000　0001000　0011000　0011100……

となる．この読み方は，各列を縦に読んだとしても，すべてのパターンを一定の規則で読むのであれば，問題はない．

最後に，この文字Aに対し教師データを用意する．つまり，ネットワークの出力値でAを識別できるように識別番号をつける．図12.6で示しているようにシグモイド関数は0より大きく1未満の値を出力するので，この範囲の数値で識別できるようにする．例えば，0か1の2値でアルファベットを識別するとすれば，26文字に対して五つのユニット（最大で32通りの識別が可能）が必要になる．この場合，Aに対しては00001，Bには00010，Cには00011という具合に，昇順に識別番号をつけるのがわかりやすい．この際，同じ学習データに異なる識別番号をつけないように注意しなければならない．

(b) ネットワークの設定

入力層のユニット数と中間層のユニット数，出力層のユニット数を決めてネットワーク構造を設定する．中間層のユニット数が多いと汎用化が高まるといわれているが，反面，収束が遅くなり，処理時間が長くなる．

(c) 学　習

ネットワークの収束条件，つまり，出力値と教師データの間の許容できる誤差を決めて学習を行わせる．この場合，この許容誤差を小さくとるとネットワーク

12.4 ニューラルネットワークとディープラーニングの応用例

の収束が遅くなるが，大きくとると誤差が大きくなる．

図 12.15 は収束の様子をグラフで表したものであるが，一般には，このように，誤差は初期の段階で急速に減少し，その後は緩やかに下降する．また，このグラフにも現れているが，緩やかな下降を始めてからしばらく経つと，カオスのような不規則性で急にジャンプし，少しゆらぎを見せてからもとに戻る．

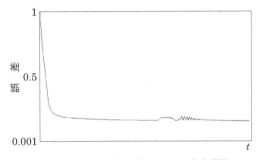

図 12.15　バックプロパゲーションの収束過程

（d）　テスト

図 12.14（b）で例示しているようなテストデータを用意してテストを行う．ネットワークからは 0 や 1 は出力されないので，0 か 1 のどちらに近いかで 0 か 1 かを判断する．

ここでの紹介例はあくまでも原理的なものであり，実用的には認識精度を高めるために特徴点のデータなども用いられて **OCR**（**Optical Character Reader**）や指紋認証システムなどに利用されている．

12.4.2　ディープラーニングの応用例

応用例として，**ジョセフ・レドモン**（Joseph Redmon）らが提案し，公開している **YOLO**（You Only Look Once）による物体認識を紹介する．物体認識とは，画像中に写っている物体を認識する画像処理技術であり，画像全体を分類する画像分類よりさらに細かく画像中のどの位置に何が写っているかを識別する．当初の物体認識技術は，画像中から複数の物体の候補領域を抽出する物体検出と検出した物体が何を示しているかを推定する画像分類の二つのアルゴリズムで実現されていたが，YOLO は物体検出と画像分類を一つのモデルで実現している．

(a) ネットワーク構造と処理のイメージ

YOLO のネットワーク構造を図 **12.16** に示す．入力画像は 448×448 画素の大きさであるが，この図で Conv. Layer は畳込み層，Maxpool Layer は最大値を代表値とするプーリング層であり，全体として，24 層の畳込み層と 4 層のプーリング層，2 層の全結合層で構成される．最初の畳込み層とプーリング層では，7×7 画素のフィルタがかけられ，これに 2×2 画素の領域でプーリングが行われるが，ともに 2 画素のストライドで RGB の 3 チャネルに対して処理が行われる．最終的には，最初の畳込み層でフィルタがかけられた 7×7 画素サイズのグリッドごとに 30 チャネルの推定結果を出力する．30 チャネルの内訳は，YOLO が対応する 20 クラスのラベルの所属確率（20 チャネル）とセルごとに推定した二つの物体の候補領域である．候補領域は，その領域の中心座標 (x, y)，幅（width），高さ（height）と候補領域の信頼度（confidence）の 5 チャネルからなり，二つの候補領域（計 10 チャネル）の情報として出力される．20 クラスのラベルは，学習するモデルに応じて追加が可能である．

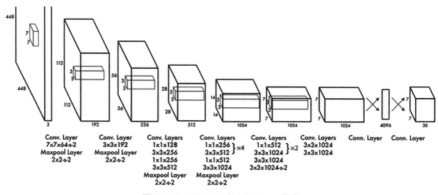

図 12.16　YOLO のネットワーク構成

図 **12.17** に入力画像と処理のイメージ，出力画像の例を示す．入力画像はグリッド単位に分割され（図 12.17 (a)），グリッドごとに二つの物体の候補領域を推定し（図 12.17 (b)），グリッドごとにクラス分類が行われる（図 12.17 (c)）．これらの結果を統合して，最終的な物体認識結果を出力する（図 12.17 (d)）．

(b) 物体の認識結果

図 **12.18** は YOLO による物体の認識結果の一例であるが，鳥や人物，車両，飛

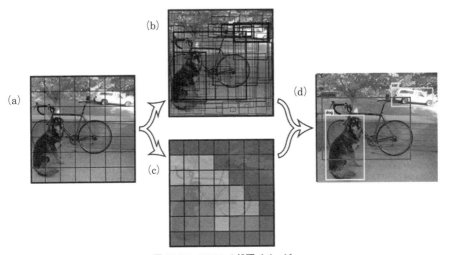

図 12.17　YOLO の処理イメージ

図 12.18　YOLO による物体認識結果

行機など予め YOLO で設定されていた物体を認識できていることが確認できる．一方，右端のような同様の物体が複数写っている場合の物体も認識しており，検出，分類能力がきわめて高いことがわかる．また，YOLO は 20 クラスのラベルに背景のラベルが含まれておらず，背景の誤抽出が非常に少ないことが特徴で，この図のいずれの画像においても背景が抽出されている事例はない．YOLO を改良した手法も多数提案されており，今後の高精度化が期待されている．

■ 演習問題

12.1 ネットワークに与える情報を考え，階層型のニューラルネットワークで以下のモデルを考えよ．
　　(1) 過去の経済状況と株式推移を学習する株価予測モデル
　　(2) 過去の投資状況を学習する投資意思決定モデル
　　(3) 選手や天候などの情報によってサッカーの勝敗を予測するモデル
　　(4) 特定のピッチャーの投球パターンを学習し，投球を予測するモデル
　　(5) 血液型と手相による相性診断モデル

12.2 ディープラーニングが適用されている事例を検索し，どのようなネットワークが使用されているか考察せよ．

13章
遺伝的アルゴリズム

── 本章で学ぶこと
── 遺伝的アルゴリズムの意義と有用性
── 遺伝的アルゴリズムによる最適解の探索手順／致死遺伝子の回避
── 遺伝的アルゴリズムを用いたモデル化の手法

13.1 進化論と遺伝的アルゴリズム

13.1.1 進　化　論

　進化論（evolutionary theory）は我が国では常識として捉えられ，疑いもなく信じられているが，先進国であっても宗教上の教義を理由に，進化論を否定している地域もある．生命の起源は，現代の科学においてもなお深い謎に包まれているが，聖書を中心とした時代のヨーロッパでは天地創造に始まり，ノアの方舟によって生物の淘汰が行われたと信じられていた．

　しかし，19世紀に入ると，宗教の教義を離れた化石の研究から，過去に起こった火山活動や地殻変動などによって多くの種が絶滅し淘汰されたという**天変地異説**（**catastrophism**）が唱えられた．確かに，生命誕生以来，恐竜の絶滅をはじめ，地球上のほとんどの種が同時期に絶滅したことは何回かあったが，それだけですべてを説明するのには無理があった．ハットン（James Hutton）は「現在は過去の鍵である」として，いまある現象によって過去の出来事を予測する**斉一説**（**uniformitarianism**）を唱え，これがライエル（Charles Lyell）の著書「地質学原理」で広められた．

　風化や浸食などの日常的な微小な変化が気の遠くなるような長い歳月を経ることにより大きな変化をもたらすという考え方は，ダーウィン（Charles R. Darwin）に大きな影響を与え，彼はこの「地質学原理」を携えてビーグル号の航海に出た．やがてガラパゴス諸島での観察などを経て帰国すると，1858年にウォーレス（Alfred R. Wallace）とともに自然選択説に基づく「進化論」を発表し，1859年には「種の起源」を著した．人間の祖先はサルであるという帰結に至るこの理論は，宗教的な観点以外でも，感情的に納得しがたく，その是非をめぐっ

ては，ときには暴力的ともいえる多くの論争を引き起こした．しかし，進化論を用いると，生物の進化に関するさまざまな疑問について，合理的な説明が可能になることが明らかになるにつれ，徐々に受け容れられ，完成度の高い理論へと発展していった．

13.1.2 アナロジーとしての遺伝的アルゴリズム

30数億年前に原核生物として地球上に誕生した生物は，その後，地球全体の凍結，火山活動の活発化，あるいは巨大隕石の衝突といった過酷な事態に何度も遭遇した．ほとんどの種が絶滅の危機に瀕したことも何度かあったが，進化論によれば，そのつど長い歳月を経て新しい環境に適応するように進化してきた．

これを遺伝子の視点から眺めると，生物は遺伝子が存続するための手段として位置づけられ，遺伝子を複製するための器に過ぎないということになる．事の真偽はともかくとして，このように考えると進化の目的が明確になる．つまり，この遺伝子の意図がみごとに功を奏し，生物は絶滅を繰り返しながらも，新たな種が環境への適応を達成している．

いずれにしても，進化論の中心となるのは，生物は自己複製するものであるという暗黙の前提をおいて，

(1) 個体の形質は遺伝によって受け継がれる．
(2) 遺伝によって受け継がれるときに，形質に**突然変異**（**mutation**）が生じることがある．
(3) 環境に適応する形質は受け継がれるが，**適応**（**adaptation**）が難しいと淘汰される．

という三つの仮説であり，これらに裏づけられて生物の進化が可能となる．

遺伝的アルゴリズム（**genetic algorithm**, GA）は，こういった進化のメカニズムを応用した最適化手法として考えられた．1960年代の終り頃からミシガン大学のホランド（John Holland）が基礎的な研究を重ね，1975年に"*Adaptation in Natural and Artificial Systems*"を出版した．当初は，それほど注目されなかった手法であったが，パイプラインの最適敷設問題への有効性などがわかってくると，徐々に注目され始めた．その後，1985年に第1回のICGA（International Conference on Genetic Algorithms）がピッツバーグで開催されると，さまざまな分野で最適化，適応，学習のための手法として応用されるようになった．

13.2 遺伝的アルゴリズムによる最適解の探索

13.2.1 解探索のためのオペレーション

GAは，対象とする最適化問題の解の候補を**遺伝子**（**gene**）という形で表現し，進化を実現させることで解の最適化を図る手法である．この進化を実現させるための一般的な手順を図 13.1 に示す．

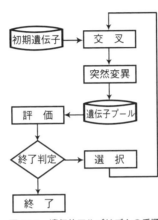

図 13.1 遺伝的アルゴリズムの手順

まず，初期遺伝子を**染色体**（**chro-mosome**）の中に乱数で発生させる．この染色体の**交叉**（**crossover**）によって 1 組の親から二つの子染色体を生成して遺伝子プールに格納する．この際，一定の確率で突然変異を起こさせる．通常，1 組の親から二つの染色体が生成されるので，遺伝子プールには初期遺伝子の 2 倍の遺伝子が生成されるが，目的とする最適問題の最適化の基準から**適応度**（**fitness**）による評価を行い，評価の高い半分の染色体を**選択**（**selection**）して次世代に残す．このようにして次世代に残された染色体は再び交叉を行う．

GA はこういった**オペレーション**を繰り返すことで進化を実現させる．なお，染色体（個体）の個数を個体数といい，交叉から交叉に至るサイクル数を世代数という．以下，それぞれの遺伝オペレータについて説明する．

(a) 遺伝子

遺伝子は，目的とする最適化問題に応じて，数値やアルファベットなどで表現されるが，遺伝子の集合体を染色体といい，染色体における各遺伝子の位置を**遺**

伝子座(**locus**)という(図 13.2)．このような遺伝子表現を**遺伝子型**(**genotype**)というが，これに対し，最適化問題の目的に応じて表現した遺伝子を**評価型**(**phenotype**)という．この遺伝子の構造を決めることを遺伝子コーディングという．

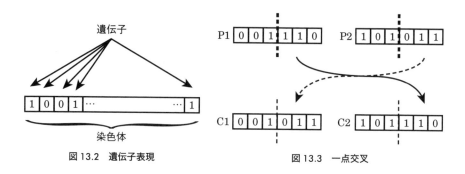

図 13.2　遺伝子表現

図 13.3　一点交叉

（b）交　叉

交叉は一対の染色体から子染色体を生成させる操作である．図 13.3 は P1，P2 の親染色体から，C1，C2 の子染色体が生成される例である．このように，染色体を一点で分離して交叉させる方法を一点交叉というが，このほかにも，いくつかの点で分離させる多点交叉や，交叉のたびに分離数と分離点をランダムに決定する一様交叉などがある．

なお，遺伝子を 0 と 1 の 2 値で表現し，一点交叉を行う GA を SGA（Simple GA）ともいう．

（c）突然変異

突然変異は微生物よりも高等生物のほうが高い確率で生じるといわれており，進化論においては進化を引き起こすために不可欠なものである．GA においては，評価型の個体が局所的な解に陥るのを防ぎ，より広い範囲での最適解の探索を可能にするために行われる．**局所解**とは，図 13.4 で模式的に示しているように，最大ではない極大点で解の改善が留まってしまうことである．このような場合，この図で示しているように，突然変

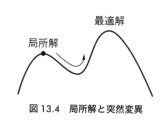

図 13.4　局所解と突然変異

異によってほかの山を探し，ほかの解を探索させる必要がある．

具体的なオペレーションとしては，ランダムに選んだ遺伝子座の遺伝子と，やはりランダムに選んだほかの遺伝子座の遺伝子を交換する方法などがある．

（d）選 択

個体の評価に基づいて，交叉後の個体から次世代に残す個体を選別する．いくつかの方式が考えられているが，ここでは一般的によく用いられる**ルーレット方式，ランク方式，トーナメント方式，エリート保存**を解説する．

① **ルーレット方式** 適応度に比例した割合で選択する方式である．例えば，A，B，Cの3段階の適応度があり，その評価が，高いものから順にBが5，Aが3，Cが2であるとした場合，適応度がBの染色体を全体の50％，Aの染色体を全体の30％，Cの染色体を全体の20％とし，乱数などで選択して次世代に残す方式である．それぞれの適応度の大きさに比例した面積で区切られたルーレット盤において，玉が落ち込んだところを選択すると考えられることから，この名称で呼ばれている．

② **ランク方式** 各個体を適合度の順に並べ，各適合度に対してあらかじめ決められている個体数を乱数などで選択して次世代に残す方式である．

③ **トーナメント方式** この方式では，まず，**図 13.5** のようにトーナメント形式の対戦表を作成し，乱数などで対戦する個体を割り当てる．このトーナメントを適応度で対戦させて勝ち抜いた個体を選別して次世代に残す．すべての個体を選択するまでこの操作を繰り返す．

④ **エリート保存** 最も適応度の高い個体は交叉させずにそのまま次世代に残し，他の個体は，上記①～③などの何らかの方式で選択を行って次世代に残す方式である（**図 13.6**）．その時点での最良の個体は残るが，エリート個体が急速に広まって局所解に陥る危険がある．

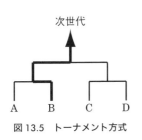

図 13.5　トーナメント方式

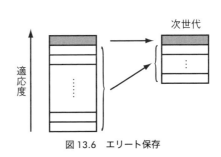

図 13.6　エリート保存

13.2.2 致死遺伝子の回避

遺伝学（**genetics**）では，致死遺伝子（lethal gene）は個体を死に至らしめる遺伝子をいうが，GA の場合，必要な遺伝子が欠けているか，同じ遺伝子が重複する場合をいう．致死遺伝子は遺伝子の種類とそれぞれの遺伝子の数が決まっている場合に生じる．例えば，A～F までの六つのアルファベットによって六つの遺伝子座の染色体が記述される場合，遺伝子の種類は A～F であり，遺伝子の数は各アルファベットにつき一つである．

この場合，例えば，ABCDEF という染色体（P1）と ACEFDB という染色体（P2）が中央で分離する一点交叉で交叉すると，子染色体は ABCFDB（C1）と ACEDEF（C2）となり，C1 では遺伝子 E が欠けて B が重複し，C2 では B が欠けて E が重複してしまう．このような致死遺伝子を回避する方法は，これまでにいくつか提案されているが，その中から基準順序テーブルを用いる方法と相手の順序を継承する方法を紹介する．

表 13.1 基準テーブルによるコード化の手順

(a) P1

	染色体						基準順序					
	A	B	C	D	E	F	1	2	3	4	5	6
Step1	1	B	C	D	E	F		1	2	3	4	5
Step2	1	1	C	D	E	F			1	2	3	4
Step3	1	1	1	D	E	F				1	2	3
Step4	1	1	1	1	E	F					1	2
Step5	1	1	1	1	1	F						1
Step6	1	1	1	1	1	1						

(b) P2

	染色体						基準順序					
	A	C	E	F	D	B	1	2	3	4	5	6
Step1	1	C	E	F	D	B		1	2	3	4	5
Step2	1	2	E	F	D	B	1		2	3	4	
Step3	1	2	3	F	D	B	1		2		3	
Step4	1	2	3	3	D	B	1		2			
Step5	1	2	3	3	2	B	1					
Step6	1	2	3	3	2	1						

（a） 基準順序テーブルを用いる方法（Grefenstette の方法）

上記で用いた染色体の例で説明すると，例えば{ABCDEF}という序列に対し，{123456}という基準順序を対応させ，親の染色体をこの基準順序で記述する．この際，**表 13.1** で示しているように，基準順序で一度使用した番号は削除し，そのつど，それ以降の基準順序を繰り下げて基準テーブルをつくり直す．このようにすると，親 P1 と P2 のコード化は

P1＝{A, B, C, D, E, F} ⟶ {1, 1, 1, 1, 1, 1}
P2＝{A, C, E, F, D, B} ⟶ {1, 2, 3, 3, 2, 1}

となる．コード化した染色体に対して交叉を行う．例えば，中央で分離する一点交叉で交叉を行うと，染色体は

C1＝{1, 1, 1, 3, 2, 1}，C2＝{1, 2, 3, 1, 1, 1}

となる．これらを**表 13.2** で示しているように，コード化とは逆の手順でデコードすると以下の子染色体が得られる．

C1＝{A, B, C, F, E, D}，C2＝{A, C, E, B, D, F}

表 13.2　基準テーブルによるデコードの手順

(a) P1

	染色体						基準順序					
	1	1	1	3	2	1	A	B	C	D	E	F
Step1	A	1	1	3	2	1		B	C	D	E	F
Step2	A	B	1	3	2	1			C	D	E	F
Step3	A	B	C	3	2	1				D	E	F
Step4	A	B	C	F	2	1				D	E	
Step5	A	B	C	F	E	1				D		
Step6	A	B	C	F	E	D						

(b) P2

	染色体						基準順序					
	1	2	3	1	1	1	A	B	C	D	E	F
Step1	A	2	3	1	1	1		B	C	D	E	F
Step2	A	C	3	1	1	1		B		D	E	F
Step3	A	C	E	1	1	1		B		D		F
Step4	A	C	E	B	1	1				D		F
Step5	A	C	E	B	D	1						F
Step6	A	C	E	B	D	F						

（b） 相手の順序を継承する方法

交叉対象の遺伝子座にある遺伝子をそのまま使用するが，順序は相手の親と同じ順序に並び換える．上記の例では，P1 と P2 に対し，中央分離前後の遺伝子座にある遺伝子の順序を，交叉する相手の親の遺伝子順序に並び換える．

P1={A, B, C, D, E, F}，　P2={A, C, E, F, D, B}

において，P1 の最初の三つの遺伝子 A, B, C は P2 では A, C, B の順となっている．したがって

C1={A, C, B, D, E, F}

とする．同様に，P2 の最後の三つの遺伝子を並び換えて

C2={A, C, E, B, D, F}

となる．

13.3 遺伝的アルゴリズムの応用

GA は最適解を求める手法としてさまざまな分野で適用されている．本節では，代表的な最適解探索問題である **TSP**（**Traveling Salesman Problem**；巡回セールスマン問題）に GA を適用した例を紹介する．TSP は，セールスマンが都市を巡回する想定でモデル化されているが，航空会社やバス会社などでの輸送機材のスケジューリングやパイプラインの敷設問題においても効率的に最適解を探索するモデルとして適用できる．

（a） TSP

TSP は，いくつかの都市を巡る際に，最も効率的な順序を求める問題である．図 13.7 で示しているように，それぞれの都市間での往来が可能であることが条

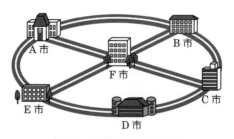

図 13.7　TSP における都市の関係

件であるが，一つの都市を2回以上訪問してはならない．

図13.7のように6都市の場合は，巡回する順番の場合の数は，6!＝6×5×4×3×2×1＝720通りであるが，これは階乗計算であるため，都市数が増えると急激に大きな値となる．例えば，10都市では約362万通り，15都市では約1兆3076億通りとなり，さらに20都市では$2.4×10^{18}$通りというような天文学的な数となる．わずか15都市の巡回でも，全検索的な探索手法では探索が不可能となる．

ここでは，6都市を巡回することとし，各都市間の距離を**表13.3**のように仮定する（図13.7の位置関係とは一致していない）．

表13.3　都市間の距離

	A	B	C	D	E	F
A	—	17	12	5	15	30
B	17	—	20	25	11	8
C	12	20	—	18	10	16
D	5	25	18	—	3	27
E	15	11	10	3	—	14
F	30	8	16	27	14	—

（b）　遺伝的操作

①　**染色体**　　6個の遺伝子座があり，訪問順に各都市の名称を並べる．初期の遺伝子プールにはN個（偶数）の染色体を発生させる．

②　**交叉**　　ランダムに親を決め，中央での一点交叉で，相手の順序を継承する方法で致死遺伝子を回避する．

③　**突然変異**　　交叉後にランダムに二つの遺伝子座を選択し，双方の遺伝子を入れ換える．

④　**評価と選択**　　巡回に必要な総距離を評価値とし，交叉後に評価値の低い遺伝子の上位からN番目までの染色体を次世代に残す．ただし，表価値が同じ染色体については，異なる順序の染色体を優先して残す．

評価値は，表13.3により計算され，例えば，ABCDEFという染色体では72（17＋20＋18＋3＋14），BCAFDEという染色体では92となる．

⑤　**終了条件**　　すべての染色体の評価値が同じ値になり，巡回する都市の順番も変化しなくなった時点で終了する．

演習問題

13.1 {BACDFE}という染色体と{DEFABC}という染色体を中央の一点交叉で交叉させよ．ただし，基準順序テーブルを用いて致死遺伝子を回避すること．

13.2 13.2節で紹介したSGAについて，以下の条件に従って10世代までの交叉を行え．
　染色体：4遺伝子座
　交叉：中央での一点交叉
　評価と選択：各遺伝子の値を加え，高い値を残す
　　　なお，初期遺伝子はランダムな0と1で配列し，交叉する親もランダムに選ぶこと．この際，表計算ソフトなどの乱数でランダム性を実現してもよいが，乱数などは使わずに適当に決めてもよい．ただし，恣意性は排除すること．なお，このような問題をOne Max問題ともいう．

13.3 13.3節の遺伝的アルゴリズムの応用で紹介したモデルについて交叉を行い，解が改善するかを確かめよ．
　ただし，ランダムな選択については，恣意性を排除すれば，乱数などを使わずに，適当に決めてもよい．

13.4 関数$f(x)$を最大（最小）にするxを探索する遺伝子コーディングと遺伝的操作を考えよ．同様に$g(x, y, z)$を最大（最小）にするx, y, zの探索も考えよ．

14章
セルとエージェントによるシミュレーション

━ 本章で学ぶこと
━ セルオートマトンの意義と有用性／推移規則と自己複製の関係
━ マルチエージェントシミュレーションの意義／分居モデル
━ セルとエージェントによるモデル化の手法

14.1 相互作用のモデル化

セル（**cell**）と呼ばれる最小単位の機能による相互作用のモデルは，1940年代にノイマン（John Von Neumann）によって考案された．これは，図 14.1 に示すような格子状のマトリックスを考え，一つのマスをセルと呼び，隣接するセルの相互作用をルール化するモデルで，**セルオートマトン**（**cellular automata**）と呼ばれている．ノイマンは**自己複製機械**に興味をもっており，その後，ウラム（Stanislaw M. Ulam）とともにセルオートマトンを用いた自己複製機械に関する研究を進めた．前章の GA でも少し触れたが，生物が子孫を残すという**自己複製**（**self-replicating**）は，生物が生物たり得る大

図 14.1 セルオートマトンとマルチエージェントシミュレーション

きな特徴であり，こういった意味で，セルオートマトンは人工生命を目指したモデルであったといえる．

しかし，近年になって，PC 上でのシミュレーションが容易になると，当初の人工生命や数学的な考察の色合いは薄れ，流体の流れや火災の伝播，あるいは交通の流れなど，広い分野でシミュレーションに応用されるようになってきた．

なお，automaton はからくり人形のような自動人形を意味し，automata はその複数形である．英語表記からは形容詞の cellular も含めて，セルラオートマタが原語に近いが，セルオートマトンという呼称が馴染まれているように思われるので，本書ではこの表記を使用する．

一方,セルオートマトンの流れとは全く別に,社会科学の分野でも,やはり図14.1のようなマトリックスを考え,一つのマスを**エージェント**(**agent**)と呼んで,隣接するエージェントの相互作用をルール化する**マルチエージェントシミュレーション**(**multi-agents simulation**)が1960年代に考案された.当初からマルチエージェントという明確な目的意識で考案されたわけではないが,その後,主に社会現象を対象としていくつかのモデルが提案された.こちらも,近年になりハードウェアの性能が向上すると,さまざまな分野で応用されるようになった.

このように,セルオートマトンは自己複製を実現する**人工生命**,マルチエージェントシミュレーションは社会シミュレーションを行う**人工社会**を模擬するために考案されたものであり,出発点における両者の目的は全く異なっていた.このため,セルオートマトンのセルはどちらかといえば機械的に反応するようなシステムを想定しており,マルチエージェントシミュレーションのエージェントは自律的に判断して行動するような個体を想定している.また,モデル化に際しても,セルオートマトンでは近傍のセルが重視され,マルチエージェントシミュレーションでは環境が重要な要因になるといった点で異なっている.

しかし,セルあるいはエージェントと呼ばれる最小単位の機能による相互作用のモデルという点では,両者は一致している.すなわち,相互作用に着目したモデルという点では,しだいに区別がつかなくなってきている.そこで本書では,相互作用という共通点に焦点を当て,この二つのモデルを一つの章で取り上げることにした.

なお,形態のうえで類似しているモデルに**パーコレーション**(**percolation**)があるが,こちらは液体などの浸透の解析を目的としており,相互作用というよりは,格子点のつながりを意識し,つながるか分離するかに重点が置かれている.

14.2 セルオートマトン

14.2.1 一次元のセルオートマトン

一次元のセルオートマトンとは,**図14.2** (a) に示すように,セルが直線上の一次元空間に並んでおり,離散的な時刻 t に対し,時刻 $t+1$ のセルの状態が時刻 t における近傍のセルの状態によって決定される.したがって,時間の経過とともにセルは二次元的な広がりを見せる.とりあえず,セルの状態は0と1の2値で

(a) セルオートマトンの時刻推移　　(b) 2状態3近傍

図14.2　一次元のセルオートマトン

あるとし，視覚的には白（0）と黒（1）で表現するが，三つ以上の状態を設定し，いくつかの色で描画してセルオートマトンの変化を観察することもある．

一定の規則に従ってセルは2値のいずれかをとることになるが，この規則を**推移規則**という．また，図14.2（b）で示しているように，対象とするセルとその両側の三つのセルの状態が次の時刻のセルの状態を決定するモデルを2状態3近傍推移規則のモデルと呼ぶ．これを一般的に表現すると，セルにはn通りの状態があって，対象とするセルの両側のr個のセル（対象のセルを含め計$2r+1$個のセル）で次の時刻の状態が決まるとすれば，このモデルはn状態$2r+1$近傍推移規則のモデルである．

さて，2状態3近傍推移規則では，**表14.1** で示すように3近傍のセルの状態が8通りあるので，推移規則としてそれぞれに0か1の2値を決定するとすれば，合計$2^8=256$通りの推移規則が考えられる．例えば，表14.1の時刻$t+1$の状態の2値が，上から順に$\{0,1,0,1,1,0,1,0\}$という並びであったとすると，これを10進数で表現すれば90になる．このときのセルオートマトンを規則番号90のセルオートマトンと呼ぶ．**図14.3** は規則番号90のセルオートマトン（図14.3（a））と規則番号30のセルオートマトン（図14.3（b））である．なお，どちらも

表14.1　2状態3近傍ルール

No.	左のセル	対象のセル	右のセル	時刻 $t+1$
1	1	1	1	0または1
2	1	1	0	0または1
3	1	0	1	0または1
4	1	0	0	0または1
5	0	1	1	0または1
6	0	1	0	0または1
7	0	0	1	0または1
8	0	0	0	0または1

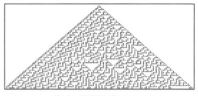

(a) 規則番号 90　　　　　　　　　　　(b) 規則番号 30

図 14.3　規則番号 90 と 30 の 2 状態 3 近傍セルオートマトン

初期値として中央に一つだけ黒（1）を配置して作成した．

このように近傍のセルによって規則は決定されるが，n 状態 r 近傍のセルオートマトンの場合，推移規則の数は

$$n^{n^r} \quad (n の n の r 乗) \tag{14.1}$$

となり，近傍の数が多くなると二重の指数関数的に急激に増大する．例えば，2状態 3 近傍では 256 種類のルールであるが，これが 2 状態 5 近傍になると 43 億通りの推移規則が考えられる．

このような膨大な数に及ぶ場合，**総和型**の規則表現が用いられる．2 状態 5 近傍でこの表現を説明すると，まず，**表 14.2** で示しているように，5 近傍の 32 通りの場合について，セルの状態を 1 の個数で六つのグループに分ける．次いで，推移規則を決め，例えば，時刻 $t+1$ の 0 または 1 の状態が，左から {10100} であれば，これを 10 進数で表現し，20 を総和型の規則番号とする．この表現を用いると表 14.2 で示しているように，1 が 1 個以上 4 個以下の場合の規則表現が厳密ではなくなる．そのため，重要な配列の部分は厳密な規則番号を用い，それ以外の

表 14.2　総和型のルール表現

1 の個数	5 個	4 個	3 個	2 個	1 個	0 個
場合の数	11111	01111	00111	00011	00001	00000
		10111	01011	00101	00010	
		11011	01101	00110	00100	
		11101	01110	01001	01000	
		11110	10011	01010	10000	
		10101	01100			
		10110	10001			
		11001	10010			
		11010	10100			
		11100	11000			
$t+1$ の状態	0 または 1	0 または 1	0 または 1	0 または 1	0 または 1	0 または 1

図 14.4 総和型の規則番号 20 の 2 状態 5 近傍セルオートマトン（初期値として黒が全体の 0.7 場合）

箇所については総和型の規則番号を用いる混合型の規則も提案されている．なお，**図 14.4** は 2 状態 5 近傍セルオートマトンで，総和型の規則番号 20 の例である．

このようにセルオートマトンは，構造そのものは比較的単純なモデルではあるが，膨大なケースのシミュレーションを実行することが可能である．ノイマンやウラムの時代とは異なり，コンピュータでのシミュレーションが容易になると，ウルフラム（Stephen Wolfram）は精力的にセルオートマトンの研究を進めた．これを偏微分方程式の離散的な解の導出や自然現象のモデル化などに適用することも考えたが，この挙動について，以下の 4 段階に分類した．すなわち，セルオートマトンは，時間が経過した後

クラス 1：全体が定常化し，変化しなくなる．

クラス 2：短い周期の挙動となる．

クラス 3：非周期的に振る舞う．

クラス 4：周期的なパターンと非周期的なパターンが共存する．

これを 11 章で説明したカオスのストレンジアトラクタとの対応で述べると，クラス 1 は不動点，クラス 2 は周期点（リミットサイクル）あるいはトーラス，クラス 3 はストレンジアトラクタ，すなわちカオスであるが，クラス 4 はカオスにはない振舞いである．このようにさまざまな挙動を示すため，セルオートマトンは**複雑系**（**complex systems**）の代表例として述べられることもある．

このクラスの分類から，改めて図 14.3 と図 14.4 を眺めると興味深い．まず，図 14.3 はフラクタルの自己相似の特徴を備えている．実際，図 14.3 (a) は**シェルピンスキー**（Wactaw F. Sierpinski）の**ギャスケット**と呼ばれるフラクタル図形となっている．ただし，図 14.3 (b) のほうは，カオス的な要素も含まれているよ

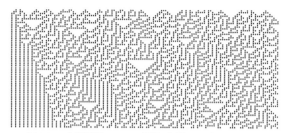

図 14.5 規則番号 30 の 2 状態 3 近傍セルオートマトン
（初期値として黒が全体の 0.3 場合）

うに見える．また，図 14.4 と同じ推移規則を用いて，初期値として全体の 0.3 を黒（1）にして作成すると**図 14.5** のようになり，クラス 4 のようにも見えるし，フラクタルが残っているようにも見える．一方，図 14.4 は初期の段階ではカオス的で，クラス 3 のように見えるが，時間が経過するに従い周期性を帯びてくる．

14.2.2 二次元のセルオートマトン

二次元のセルオートマトンは格子状のセルを二次元平面に展開させたものである．この場合，次の時刻のセルの状態を決める近傍として，**図 14.6** に示している**ノイマン近傍**と**ムーア近傍**が知られている．ノイマン近傍は，対象となるセルから出発して，セル面を覆う 4 個の隣接するセルで構成され，計 5 個のセルを近傍として考える．一方，ムーア近傍は，対象となるセル自身とそれを覆う 8 個のセルの計 9 個のセルで構成される．以下，ノイマン近傍とムーア近傍について述べるときは，この図に記載している番号で近傍の位置を識別する．

一次元のセルオートマトンの挙動は，時間の経過とともに二次元平面で表現したが，二次元のセルオートマトンも三次元的にその挙動を描画することは可能で

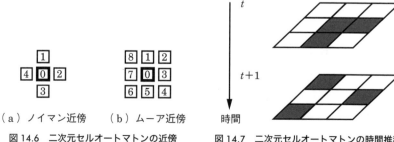

（a）ノイマン近傍　（b）ムーア近傍

図 14.6　二次元セルオートマトンの近傍

図 14.7　二次元セルオートマトンの時間推移

ある（図 14.7）．しかし，これでは全体の挙動をイメージするのが難しく，PC 上の動画で観察するのがわかりやすい．以下では，原理的な説明にとどめるが，具体的な挙動については Web サイトに掲載したプログラムで確認いただきたい．

（a）ライフゲーム

ライフゲームはコンウェイ（John H. Conway）によって考案されたが，サイエンティフィック・アメリカン誌のコラムで紹介されたのを契機に反響を呼び，流行した．ムーア近傍において，**表 14.3** の推移規則でセルの状態を推移させると，初期値によっては生き物のような挙動を示す．各セルを生物に見立て，1 の状態を生，0 の状態を死とすると，周囲の状況が密でも疎でも死に至るが，初期状態によっては死に至らない．

ライフゲームが発表されると，**図 14.8** に示すグライダと呼ばれる初期値をはじめ，さまざまな初期値が提案された．

表 14.3 ライフゲームの推移規則

時刻 t		時刻 $t+1$
（ムーア近傍 0 の状態）	（ムーア近傍 1〜8 の状態）	（ムーア近傍 0 の状態）
0	三つのセルが 1	1
1	二つか三つのセルが 1	1
0 でも 1 でも	上記以外	0

（a）グライダ　（b）時刻 1　（c）時刻 2　（d）時刻 3　（e）時刻 4
　　（時刻 0）

図 14.8　グライダとライフゲームにおけるグライダの推移

（b）自己複製機械への発展

ライフゲームは，初期値によっては無限に動作を繰り返す推移規則であるが，もう少し意図的な動作を行う推移規則を考えてみる．例えば，セルのとる状態を，空白（□），A，B の 3 状態とし，**図 14.9** (a) のような位置関係にある A と B を上に引き延ばして図 14.9 (b) のようにする推移規則を考える．

（a）移動前　　（b）移動後

図 14.9　セルの移動モデル

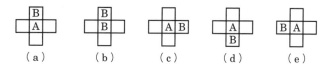

図 14.10　例示した推移規則のセル関係．
(a) 時刻 t の位置関係，(b) 時刻 $t+1$，(c) (d) (e) 同じ推移規則

推移規則の表記については，例えば，時刻 t にノイマン近傍で $\{A, B, \square, \square, \square\}$ の状態（**図 14.10** (a)）にあるセルが，時刻 $t+1$ では B になる場合（図 14.10 (b)），この推移規則を

$$\{A, B, \square, \square, \square\} \to B$$

と表すことにする．ただし，ノイマン近傍で 1〜4 番の近傍が 90 度回転した等方性の位置関係にある推移規則は同一であるとする．つまり，図 14.10 の四つの推移規則（図 14.10 (a)，(c) 〜 (e) の位置関係）は同じ規則である．

$\{A, B, \square, \square, \square\} \to B$　　　$\{A, \square, B, \square, \square\} \to B$

$\{A, \square, \square, B, \square\} \to B$　　　$\{A, \square, \square, \square, B\} \to B$

したがって，これらの四つの規則は一つの規則で代表して表現する．

この推移規則の表現で，図 14.9 のセル 1〜セル 12 までの状態推移を記述すると，以下の推移規則で，図 14.9 (a) から図 14.9 (b) への移動が可能になる．

セル 1：$\{\square, \square, \square, \square, \square\} \to \square$　　　セル 2：$\{\square, \square, \square, A, \square\} \to A$

セル 3：$\{\square, \square, \square, \square, \square\} \to \square$　　　セル 4：$\{\square, \square, A, A, \square\} \to A$

セル 5：$\{A, \square, \square, B, \square\} \to B$　　　セル 6：$\{\square, \square, \square, A, A\} \to A$

セル 7：$\{A, \square, B, \square, \square\} \to \square$　　　セル 8：$\{B, A, A, A, A\} \to A$

セル 9：$\{A, \square, \square, \square, B\} \to \square$　　　セル 10：$\{\square, A, A, \square, \square\} \to \square$

セル 11：$\{A, B, \square, \square, \square\} \to \square$　　　セル 12：$\{\square, A, \square, \square, A\} \to \square$

この中でセル 1〜3 は，ノイマン近傍全体が変化のない**静止状態（quiescent state）**のセルであるので，推移規則は記述しない．また，セル 4 とセル 6 は同じ規則であり，セル 7 とセル 12，セル 8 とセル 11，セル 9 とセル 10 は等方性の関係にある．結局，以下の 5 つの推移規則で図 14.9 の移動が記述できる．

$\{\square, \square, \square, A, \square\} \to A$　　　$\{\square, \square, \square, B, \square\} \to B$

$\{A, \square, B, A, \square\} \to A$　　　$\{B, \square, A, B, A\} \to B$

$\{A, \square, \square, A, B\} \to A$

このような記述方法で，自己複製機械を実現させる推移規則がいくつか考案された．ノイマンは29状態の推移規則で自己複製機械が可能であることを証明したが，コッド（Edgar F. Codd）は，これをノイマン近傍の8状態5近傍まで減少させた．具体的な推移規則や，その挙動についてはWebサイトのプログラムで紹介する．

14.3 マルチエージェントシミュレーション

14.3.1 モデルの要素

マルチエージェントシミュレーションでは，人工社会に複数のエージェントがおり，各エージェントはそれぞれが置かれた環境を入力として自律的に行動する．図14.11は，これを概念的に示したもので，全体の太い線の囲みの中が人工社会であり，エージェントは，グレートーンで表現されている異なる環境の中の格子点に配置され，一定のルールに従って行動する．

エージェントの行動は，シミュレーションの目的によって異なる．例えば，投票行動に関するモデルであれば投票するか否かであり，動物の棲息に関す

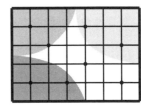

図14.11 マルチエージェントシミュレーションのモデル

るモデルであれば，移動するかどうか，あるいはどこに移動するかといったことになる．そういったエージェントの行動は，環境を入力し，一定のルールに従って決定される．環境は，エージェントの周囲の資源や大気汚染，地勢などである．さらにエージェントの行動は，周囲のエージェントとの相互作用によっても変化することがある．

14.3.2 シェリングの分居モデル

マルチエージェントシミュレーションの草分け的なモデルにシェリング（Thomas C. Schelling）の分居モデル（1969年）がある．米国のようにさまざまな人種の人間が住んでいる国では，自然と，人種ごとに居住地が分かれる．これは人種差別的な感情から生じるとも考えられていたが，シェリングは分居モデル（model of segregation）によるシミュレーションによって，人々が多数派でいたい

という動機をもっているだけで自然と分居が生じること
を示した．

彼は，チェス盤を使ってこの分居モデルのシミュレー
ションを行った．まず，**図 14.12** に示すように，家屋の
場所を示す 8×8 マスのチェス盤に，居住者として 22 枚
と 23 枚の，2 種類の人種に見立てたコインをランダムに
配置した．

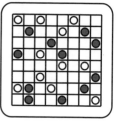

図 14.12 シェリングの分居モデル

次いで，それぞれの居住者について，近隣に同じ人種
の人間が一定の割合以上住んでいれば多数派であることに満足し，それ未満であ
れば空き家に引っ越すという操作を繰り返した．シェリングは，自分とは違う人
種の人がムーア近傍に 3 人以上住んでいると引っ越すという設定で実験を行っ
た．これが，分居モデルによるシミュレーションであり，結果として，人種ごと
に居住地が分かれることを示した．

■ 演習問題

14.1 ライフゲームで図 14.13 の初期値がもとの配置に戻るかどうかを検証せよ．

(1) 　(2) 　(3)

図 14.13

14.2 図 14.9（a）のモデルを下に一つ引き延ばす推移規則を考えよ．

14.3 表計算ソフトのワークシートの各セルをチェス盤に見立ててシェリングの
分居モデルのシミュレーションを行え．
　　ただし，コインの代わりに■と□を用い，初期の位置は，0 以上 1 未満の乱
数を 9 倍し，小数点以下を切り捨てた整数部分の行または列の座標とする．

14.4 セルオートマトンを用いたシミュレーションモデルを考えよ．

14.5 マルチエージェントシミュレーションのモデルを考えよ．

参 考 文 献

1章

1) 中西俊男：コンピュータシミュレーション，近代科学社，1977
2) 新田尚監修：気象予報士試験（学科編），オーム社，2005（気象庁提供資料に加筆）
3) 大成幹彦：シミュレーション工学，オーム社，1993
4) Deborah J. Benett 著，江原摩美訳：確率とデタラメの世界，白揚社，2001
5) Stephen Hawking 著，林一，鈴木圭子訳：ホーキング宇宙を語る，早川書房，1997
6) 地球シミュレータセンタ：http://www.es.jamstec.go.jp/esc/jp/（2006年2月閲覧）

2章

1) 上垣渉，何森仁：数とその歴史53話，三省堂，1996
2) 吉田洋一：零の発見，岩波新書，2000
3) 金田康正：πのはなし，東京図書，1995
4) 竹之内脩：経済・経営系数学概説，新正社，1998
5) 藤原正彦：天才の栄光と挫折，新潮選書，2002
6) Deborah J. Benett 著，江原摩美訳：確率とデタラメの世界，白揚社，2001
7) 三井田惇郎，須田宇宙：数値計算法，森北出版，2001
8) GIMPS：http://www.mersenne.org/（2006年2月閲覧）

3章

1) 大村平：シミュレーションのはなし，日科技連，1991.8
2) 刀根薫：［増補］オペレーションズ・リサーチ読本，日本評論社，1991.3
3) 峯村吉泰：CとJavaで学ぶ数値シミュレーション入門，森北出版，1999.4
4) 島内剛一他編：アルゴリズム辞典，共立出版，1994.9
5) 千葉則茂他：プログラミング詳説コンピュータアルゴリズム全科—基礎からグラフィクスまで—，啓学出版，1991.3
6) 新田英雄監修：Excelで学ぶ基礎物理学，オーム社，2003.6

4章

1) 神戸大学経営学研究室編：経営学大辞典，中央経済社，1988.7
2) M.A. ジョルソン他著，小西滋人他訳：計量マーケティング入門，有斐閣，1976.7
3) 熊谷尚夫他編：経済学大事典（第2版）Ⅰ，東洋経済新報社，1980.1
4) 熊谷尚夫他編：経済学大事典（第2版）Ⅲ，東洋経済新報社，1980.9
5) 多田実他：Excelで学ぶ経営科学，オーム社，2003.8
6) 貝原俊也編著：オペレーションズ・リサーチ―システムマネジメントの科学―，オーム社，2004.12
7) 定道宏：経営科学（経営情報学講座10），オーム社，1989.9

5章

1) P. サムエルソン他著，都留重人訳：サムエルソン経済学（上）[原書第13版]，岩波書店，1992.5
2) 宮沢健一編：産業連関分析入門 [第5版]（経済学入門シリーズ），日本経済新聞社，1991.7
3) 熊谷尚夫他編：経済学大事典（第2版）Ⅰ，東洋経済新報社，1980.1
4) 白砂堤津耶：例題で学ぶ初歩からの計量経済学，日本評論社，1998.3
5) 刈屋武昭監修，日本銀行調査統計局編：計量経済分析の基礎と応用，東洋経済新報社，1985.4
6) 宮川公男：計量経済学入門 [第19版]（経済学入門シリーズ），日本経済新聞社，1997.4
7) 内閣府・経済社会総合研究所「平成15年度国民経済計算（93SNA）」http://www.esri.cao.go.jp/jp/sna/h17-nenpou/17annual-report-j.html（2005年12月閲覧）
8) 総務省・統計局「平成12年（2000年）産業連関表（確報）」http://www.stat.go.jp/data/io/io00.htm（2005年12月閲覧）

6章

1) 伏見正則：乱数（UP応用数学選書12），東京大学出版会，1989.3
2) 脇本和昌：乱数の知識，森北出版，1970.8
3) 大村平：シミュレーションのはなし，日科技連，1991.8
4) 津田孝夫：モンテカルロ法とシミュレーション―電子計算機の確率論的応用― [三訂版]，培風館，1995.6
5) 三根久編著：モンテカルロ法・シミュレーション（現代応用数学講座4），コロナ社，1994.10
6) 関根智明他：シミュレーション，日科技連，1976.4

7) 日本規格協会編：JIS ハンドブック 2005（57）品質管理，日本規格協会，2005.1

7章

1) 刀根薫：［増補］オペレーションズ・リサーチ読本，日本評論社，1991.3
2) 大村平：シミュレーションのはなし，日科技連，1991.8
3) 津田孝夫：モンテカルロ法とシミュレーション―電子計算機の確率論的応用―［三訂版］，培風館，1995.6
4) 三根久編著：モンテカルロ法・シミュレーション（現代応用数学講座4），コロナ社，1994.10
5) 関根智明他：シミュレーション，日科技連，1976.4

8章

1) 定道宏：経営科学（経営情報学講座10），オーム社，1989.9
2) 貝原俊也編著：オペレーションズ・リサーチ―システムマネジメントの科学―，オーム社，2004.12
3) 松村幸輝：基礎からの OR シミュレーション，オーム社，1995.7
4) 刀根薫：［増補］オペレーションズ・リサーチ読本，日本評論社，1991.3
5) 関根智明他：シミュレーション，日科技連，1976.4
6) 宮武修他：モンテカルロ法（増訂版），日刊工業新聞社，1962.10
7) 神戸大学経営学研究室編：経営学大辞典，中央経済社，1988.7
8) 水野幸男：在庫管理入門，日科技連，1974.10

9章

1) 定道宏：経営科学（経営情報学講座10），オーム社，1989.9
2) 貝原俊也編著：オペレーションズ・リサーチ―システムマネジメントの科学―，オーム社，2004.12
3) 刀根薫：［増補］オペレーションズ・リサーチ読本，日本評論社，1991.3
4) 松村幸輝：基礎からの OR シミュレーション，オーム社，1995.7
5) 関根智明他：シミュレーション，日科技連，1976.4
6) 宮武修他：モンテカルロ法（増訂版），日刊工業新聞社，1962.10
7) 神戸大学経営学研究室編：経営学大辞典，中央経済社，1988.7
8) 桐山光弘：待ち行列がわかる本，日刊工業新聞社，1997.9
9) 藤田勝康：Excel による OR 演習，日科技連，2002.6
10) 森村英典他：統計・OR 活用事典，東京書籍，1984.9

10章

1) Benoit Mandelbrot 著，広中平祐監訳：フラクタル幾何学，日経サイエンス，1985
2) Benoit Mandelbrot：How Long Is the Coast of Britain?, Science, No. 156, pp. 636-638, 1967
3) Benoit Mandelbrot 他著，高安秀樹監訳：禁断の市場，東洋経済新報社，2008
4) 本田勝也：フラクタル，朝倉書店，2003
5) 石村貞夫，石村園子：フラクタル数学，東京図書，1997
6) 高安秀樹：フラクタル，朝倉書店，1992
7) 喜多治之，伊藤俊秀，前川良太他：三軸圧縮試験により形成されたマイクロクラックの細分類と破壊の進展にともなう変化，情報地質，Vol. 14, pp. 241-247, 2003

11章

1) 鈴木昱雄：カオス入門，コロナ社，2000
2) 川上博：カオス CG コレクション，サイエンス社，1993
3) 下條隆嗣：カオス力学入門，近代科学社，1998
4) Shinichi Sato, Masaki Sano and Yasuji Sawada : Practical Methods of Measuring the Generalized Dimension and the Largest Lyapunov Exponent in High Dimensional Chaotic Systems, Progress Theory of Physics, Vol. 77, pp. 1-5, 1987

12章

1) Floyd E. Bloom 他著，中村克樹，久保田競監訳：脳の探検（上），講談社，2004
2) 吉冨康成：ニューラルネットワーク，朝倉書店，2004
3) 中野馨編：C でつくる脳の情報システム，近代科学社，1995
4) 平野広美：C でつくるニューラルネットワーク，パーソナルメディア，1991
5) 中野馨監修，飯沼一元編：入門と実習ニューロンコンピュータ，技術評論社，1991
6) 伊藤俊秀：ニューラルネットワークによる意思決定のシミュレーション，経営行動，Vol. 7, pp. 63-69, 1992
7) 岡谷貴之：深層学習，講談社，2015
8) 瀧雅人：これならわかる深層学習，講談社，2018
9) 藤田一弥，高原歩：実装ディープラーニング，オーム社，2016
10) Redmon, J., et al. "You only look once : Unified, real-time object detection." arXivpreprintarXiv : 1506. 02640, 2015

13章

1) Richard Dawkins 著，日高敏隆他訳：利己的な遺伝子，紀伊国屋書店，1991
2) 北野宏明編：遺伝的アルゴリズム，産業図書，1993

3) J. J. Grefenstette, R. Gopal, B. J. Rosmatia and D. Van Gucht :Genetic Algorithms for Traveling Salesman Problem, *Proc. ICGA-1*, 1985
4) I. M. Oliver, D. J. Smith and J. Holland : A Study of Permutation Crossover Operations on the Traveling Salesman Problem, *Proc. ICGA-2*, 1987
5) 平野広美：遺伝的アルゴリズムプログラミング，パーソナルメディア，1995
6) Toshihide Ito and Takashi Nishiyama :A Test of Mining Simulation for Phosphorus Adjustment in a Limestone Quarry, *Natural Resources Research*, Vol. 12, pp. 223-228, 2003

14章

1) 市川惇信：複雑系の科学，オーム社，2002
2) 森下信：セルオートマトン，養賢堂，2003
3) Stephen Wolfram :Universality and Complexity in Cellular Automata, *Phisica*, Vol. 10D, pp. 1-35, 1984
4) John Byl : Self-Reproduction in Small Cellular Automata, *Phisica*, Vol. D34, pp. 295-299, 1989
5) 山影進，服部正太編著：コンピュータの中の人工社会，構造計画研究所，2002
6) Joshua M. Epstein and Robert Axtell 著，服部正太，木村香代子訳：人工社会，構造計画研究所，1999

索　引

◆ア 行
アトラクタ　177
アナログコンピュータ　7
アーラン　134
アーランの公式　143
アーラン分布　136, 146
アルゴリズム　9, 28, 188
安全係数　119
安全在庫　119

位　相　146
一様乱数　26, 83
一般項　10
遺伝子　206, 207
遺伝子型　208
遺伝子座　207
遺伝子プール　207
イニシエータ　163

ウィルソンのロット公式　117
上田睆亮　178
ウォーレス　205
ウラム　99, 215
ウルフラム　219
運動の三法則　35
運動の法則　35
運動方程式　35, 37
運動量保存の法則　36

エージェント　216
エネルギー保存の法則　36
エリート保存　209
円周率 π の近似値　101

オイラー法　23
黄金比　12
応　力　168
遅れ k の系列相関係数　93
オペレータ　197

◆カ 行
カイ 2 乗 (χ^2) 検定　91
階　乗　25
外生変数　72
階層型ネットワーク　187
外挿テスト　74
ガウス・ザイデル法　75
カオスアトラクタ　177
学　習　200
学習則　188
確　率　9
確率過程　79
確率的事象　100
確率的モデル　33, 79
隠れ層　187
加速度　35
活性化関数　190, 198
ガロア　20
環境収容力　43
環境抵抗　42
環境容量　41
慣性抵抗　40
慣性の法則　35
完全弾性衝突　37
完全非弾性衝突　37
緩和時間　39

機械学習　183
幾何分布　96

棄却法　87
期首在庫量　126
擬似乱数　83
期待利益　123
基底解　55
基底変数　55
基本制御構造　28
帰無仮説　91
逆関数法　84
逆行列　15
逆行列計算法　74
ギャスケット　219
ギャップ検定　96
吸　収　105
吸収壁　106
級　数　11
行　13
強化学習　183
供給曲線　65
供給表　65
教師あり学習　183
教師データ　187, 199
教師なし学習　183
競争輸入方式　69
行　列　9
行列式　15
行列の型　13
極限値　11
極小点　17
局所解　208
極大点　17
均衡価格　66
均衡産出高モデル　69

空気抵抗　38

組合せ検定　　94
グラフ解法　　52

経験的確率　　80
経済的発注量　　116
経済モデル　　63
計量経済モデル　　63
計量モデル　　71
系列相関検定　　92
桁落ち　　19
決定的事象　　101
決定的モデル　　33
限界利益　　49
限界利益率　　49
ケンドール記号　　134

交　叉　　207
構造方程式　　72
合同法　　89
行動方程式　　71
勾配消失問題　　195
国勢調査人口　　42
誤差逆伝播法　　189
誤差項　　63, 72
呼損率　　143
個体数変動　　40
コッド　　213
コッホ曲線　　162
コッホ雪片　　163
固定費　　48
コンウェイ　　221
混合型の規則　　219
混合合同法　　90

◆サ 行
再現可能な乱数列　　104
在庫管理　　115
最小2乗法　　72
最適化問題　　50
最適発注サイクル　　117
最適発注量　　117

細　胞　　186
細胞体　　186
サービス過程　　135
サービス能力　　147
サービスの質　　136
差分化　　22
差分方程式　　9, 22, 172
サミュエル　　183
作用・反作用の法則　　35
産業連関表　　13, 67
三軸圧縮試験　　167
算術乱数　　83

シェリング　　223
シェルピンスキー　　219
しきい値　　186
軸　策　　186
シグモイド関数　　191
次　元　　165
資源配分問題　　51
自己相似　　13, 161, 171
自己複製　　206, 215
自己符号化器　　196
事象-事象進行方式　　150
市場メカニズム　　64
指数分布　　135
システマティック法　　103
自然増減　　41
指数乱数列　　85
実行可能解　　51
実行可能領域　　51
品切れ損失　　117, 127
シナプス　　186
シナプス結合　　186
指紋認証システム　　201
ジャパニーズアトラクタ　　178
周期点　　177
収　束　　11, 188
需給バランス式　　67
樹状突起　　186

出力層　　187
種の起源　　205
需要曲線　　64
需要表　　64
巡回セールスマン問題　　212
順次構造　　30
準乱数　　84, 112
乗積合同法　　89
衝　突　　36
情報落ち　　19
初期解　　56
進化論　　205
人工社会　　216
人工生命　　216
人口変動モデル　　40
真性乱数　　83
シンプソン法　　21
シンプレックス解法　　54
シンプレックス表　　56
新聞売子問題　　123
推移規則　　217
数値解析　　9
数値シミュレーション　　35
数理計画法　　51
数理経済モデル　　63
数　列　　9
ストライド　　197
ストレンジアトラクタ　　177
スラック変数　　55

斉一説　　205
正規分布　　27, 81
正規分布に従う乱数列　　27, 128
正規乱数　　27
生産計画問題　　51
生産誘発額　　70
生産誘発係数　　70
静止状態　　222

231

整数計画法　58
整数計画問題　51, 58
生存競争モデル　40, 43
生体リズム　176
精　度　110
制約ボルツマンマシン　196
正方行列　13
制約条件　51
積　分　9
セル　215
セルオートマトン　215
セルラオートマタ　215
漸化式　10, 172
線形計画法　50
線形計画問題　51
線形漸化式　89
先決内生変数　72
染色体　207
選択構造　30

相関係数　92
相関図　92
相関分析　92
総期待費用　127, 134
相互結合型ネットワーク　188
相似次元　165
相対誤差　112
層別サンプリング　112
総和型の規則　218
即時式モデル　139, 143
ソフトマックス関数　198
損益分岐点　48
損失系モデル　139

◆タ 行
台形法　21
待時式モデル　139
大数の法則　80
対流運動　177

ダーウィン　205
打音診断　179
多次元疎結晶構造　93
畳込み層　197
多峰構造　193
単位行列　15
単位時間進行方式　147, 150
単純パーセプトロン　189

逐次近似法　74
致死遺伝子　209
地質学原理　205
中間層　187
中間値の定理　20
中心極限定理　80
中点変位法　163
直接法　84

定期定量発注方式　115
定期発注方式　121
定式化　51
ディジタルコンピュータ　7
定積分　18
定積分の計算　108
ディバイダ　160, 166
ディープラーニング　185, 195
定量発注方式　120
適　応　206
適応度　207
天変地異説　205

等差数列　10
同時推定法　73
等速度運動　35
到着過程　135
投入係数　68
等比数列　10
等方性　222

特殊な分布に従う乱数　84
トータルテスト　73
突然変異　206, 207, 208
トーナメント方式　209
トポロジカルな次元　161
トーラス　177

◆ナ 行
内生変数　71
内挿テスト　73

二次元疎結晶構造　93
二重添数　13
二分法　20
入力層　187
ニュートン　16
ニュートンの運動方程式　35
ニュートン法　20
ニューラルネットワーク　185
ニューロン　186

ネットワークのエネルギー　191
粘性抵抗　38

ノイマン　88, 99, 215, 223
ノイマン近傍　220

◆ハ 行
排他的論理和　90, 189
ハウスドルフ次元　161
掃出し計算　57
掃出し法　16
パーコレーション　216
破産問題　100
箸　型　134
パーシャルテスト　73
パーセプトロン　189
バタフライ効果　173

索引

パターン認識　189
バックプロパゲーション　189
発　散　11
発注サイクル　117, 121
発注点　120
発注点方式　120
ハットン　205
パディング　198
パパート　189
ハリスの経済的ロット公式　117
パレート図　122
反射壁　106
反発係数　36
反復構造　30
汎用化　200

非周期　171
非線形計画問題　51, 59
非損失系モデル　139
非弾性衝突　37
ピッツ　186
微　分　9, 16, 163
微分方程式　18
ピボット行　56
ピボット要素　56
ピボット列　56
評価型　207
費用関数　47
標準形　54
標準正規分布　81, 87
比例的可変費用　49
頻度検定　91
ヒントン　196

ファイナルテスト　74
ファイル圧縮　159
フィボナッチ法　89
フォーク型　134
複雑系　219

複素力学系　163
物理乱数　82
不動点　174, 177
不比例的可変費用　49
フラクタル次元　165
プーリング層　197
プログラムの品質　28
フローチャート　10, 28
分居モデル　223

平均サービス時間　136
平均サービス率　135
平均滞在客数　137
平均滞在時間　138
平均値の法則　139
平均到着間隔　135
平均到着率　135
平均待ち行列長さ　138
平均待ち時間　138
平方採中法　88
ヘップの学習則　186
ペンタグラム　12
変動係数　144
変動費　48
変動費率　48

ポアソン分布　125, 135
ポアソン乱数列　86
放物運動　35, 37
ポーカー検定　94
保管費用　127
捕食者と被捕食者　43
ボックスカウント法　166, 168
ボックス・ミュラーの方法　87
ホップフィールド　191
ポラチェク・ヒンチンの公式　144
ホランド　196
ボルツマンマシン　193

◆マ 行

マカロック　186
マカロックとピッツのモデル　186
マクロ経済モデル　71
待ち行列　133
待ち行列システム　134
待ち行列の最大長さ　136
待ち行列モデル　134
待ち行列理論　134
窓口数　136
窓口利用率　137
マルコフ過程　134
マルチエージェントシミュレーション　216
丸め誤差　19
マンデルブロー　159
マンデルブロー集合　163

右下がり需要の法則　65
密度効果　42
ミンスキー　189

ムーア近傍　220
無限級数　11

目的関数　51
文字認識　199
モンテカルロ法　99

◆ヤ 行

焼きなまし法　194
山登り法　17, 190

有限級数　11
誘導方程式　72
ユニット　186

余因子　16
容量次元　166
ヨーク　171

233

◆ラ 行

ライエル　205
ライフゲーム　221
ライプニッツ　16
落下運動　35, 37
ラメルハート　189
ランク方式　209
乱　数　82
乱数賽　82
乱数表　2, 82
乱数列　26, 82
乱数列の検定　91
ランダムウォーク　105

リー　171
利益極大点　50
力学系システム　171, 177
力学的エネルギー保存の法則　36
力学モデル　35
離散化誤差　19
離散分布　84
リターンマップ　173
リチャードソン　159
リチャードソンモデル　159
リードタイム　119
リーとヨークの定理　171
リトルの公式　139
リミットサイクル　177
リャプノフ指数　172, 175, 179

理論的確率　80

ルーレット方式　209
ルンゲ・クッタ法　23

レオンチェフ逆行列　69
レスラーモデル　178
列　13
レドモン　201
連の検定　95

ロジスティック関数　175
ロジスティック曲線　43, 172
ロジスティックモデル　42
ローゼンブラット　189
ロトカ・ボルテラ方程式　43
ローレンツ　171, 177

◆英 字

ABC分析　122

Bairstow法　20
Bernoulli法　20
Buffonの針　99
Buffonの針問題　107

EOQ公式　117
Excel VBA　104

FCFS　136

FIFO　136

G/D/Sモデル　150
GPU　195
Graeffe法　20

Horner法　20

ICGA　206

Lotka-Volterra方程式　43

M系列　90
$M/D/1$モデル　145
$M/E_k/1$モデル　146
$M/G/1$モデル　145
$M/M/1$モデル　140
$M/M/1(N)$モデル　140
$M/M/S$モデル　141, 151
$M/M/S(S)$モデル　143

OCR　201
One Max問題　214

Rnd関数　102, 104, 125

SGA　208

t検定　111
TSP　212

YOLO　201

〈著者略歴〉
伊藤俊秀（いとう　としひで）
1981年　京都大学工学部資源工学科卒業
現　在　関西大学総合情報学部 教授（工学博士）

草薙信照（くさなぎ　のぶてる）
1983年　大阪大学大学院工学研究科修了
現　在　大阪経済大学情報社会学部 教授（工学修士）

- 本書の内容に関する質問は，オーム社書籍編集局「（書名を明記）」係宛に，書状または は FAX（03-3293-2824），E-mail（shoseki@ohmsha.co.jp）にてお願いします．お 受けできる質問は本書で紹介した内容に限らせていただきます．なお，電話での質問 にはお答えできませんので，あらかじめご了承ください．
- 万一，落丁・乱丁の場合は，送料当社負担でお取替えいたします．当社販売課宛にお 送りください．
- 本書の一部の複写複製を希望される場合は，本書扉裏を参照してください．

JCOPY＜出版者著作権管理機構　委託出版物＞

コンピュータシミュレーション（改訂2版）

2006年3月20日　第1版第1刷発行
2019年1月20日　改訂2版第1刷発行

著　　者　伊藤俊秀
　　　　　草薙信照
発　行　者　村上和夫
発　行　所　株式会社オーム社
　　　　　　郵便番号　101-8460
　　　　　　東京都千代田区神田錦町3-1
　　　　　　電話　03(3233)0641（代表）
　　　　　　URL　https://www.ohmsha.co.jp/

© 伊藤俊秀・草薙信照 2019

印刷・製本　三美印刷
ISBN 978-4-274-22323-5　Printed in Japan

ITTextシリーズ　情報処理学会 編集

情報通信ネットワーク
阪田史郎・井関文一・小高知宏・甲藤二郎・菊池浩明・塩田茂雄・長 敬三　共著　　■ A5判・228頁・本体2800円【税別】
■ 主要目次
情報通信ネットワークとインターネット／アプリケーション層／トランスポート層／ネットワーク層／データリンク層とLAN／物理層／無線ネットワークと移動体通信／ストリーミングとQoS制御／ネットワークセキュリティ／ネットワーク管理

情報と職業（改訂2版）
駒谷昇一・辰己丈夫　共著　　■ A5判・232頁・本体2500円【税別】
■ 主要目次
情報社会と情報システム／情報化によるビジネス環境の変化／企業における情報活用／インターネットビジネス／働く環境と労働観の変化／情報社会における犯罪と法制度／情報社会におけるリスクマネジメント／明日の情報社会

コンピュータアーキテクチャ
内田啓一郎・小柳 滋　共著　　■ A5判・232頁・本体2800円【税別】
■ 主要目次
概要／命令セットアーキテクチャ／メモリアーキテクチャ／入出力アーキテクチャ／プロセッサアーキテクチャ／命令レベル並列アーキテクチャ／ベクトルアーキテクチャ／並列処理アーキテクチャ

ネットワークセキュリティ
菊池 浩明・上原 哲太郎　共著　　■ A5判・206頁・本体2800円【税別】
■ 主要目次
情報システムとサイバーセキュリティ／ファイアウォール／マルウェア／共通鍵暗号／公開鍵暗号／認証技術／PKIとSSL/TLS／電子メールセキュリティ／Webセキュリティ／コンテンツ保護とFintech／プライバシー保護技術

データベース
速水治夫・宮崎収兄・山崎晴明　共著　　■ A5判・196頁・本体2500円【税別】
■ 主要目次
データベースの基本概念／データベースのモデル／関係データベースの基礎／リレーショナルデータベース言語SQL／データベースの設計／トランザクション管理／データベース管理システム／データベースシステムの発展

コンパイラとバーチャルマシン
今城哲二・布広永示・岩澤京子・千葉雄司　共著　　■ A5判・224頁・本体2800円【税別】
■ 主要目次
コンパイラの概要／コンパイラの構成とプログラム言語の形式的な記述／字句解析／構文解析／中間表現と意味解析／コード生成／最適化／例外処理／コンパイラと実行環境の連携／動的コンパイラ

アルゴリズム論
浅野哲夫・和田幸一・増澤利光　共著　　■ A5判・242頁・本体2800円【税別】
■ 主要目次
アルゴリズムの重要性／探索問題／基本的なデータ構造／動的探索問題とデータ構造／データの整列／グラフアルゴリズム／文字列のアルゴリズム／アルゴリズム設計手法／近似アルゴリズム／計算複雑さ

Java基本プログラミング
今城哲二 編／布広永示・マッキン ケネスジェームス・大見嘉弘　共著　　■ A5判・248頁・本体2500円【税別】
■ 主要目次
Javaプログラミングの概念／Javaプログラムの基礎／基本制御構造と配列／メソッドの定義と利用／基本的なアルゴリズム／クラスの定義と利用／例外処理／ファイル処理／データ構造

もっと詳しい情報をお届けできます。
◎当社に商品がない場合または直接ご注文の場合にも右記宛にご連絡ください。

ホームページ　https://www.ohmsha.co.jp/
TEL/FAX　TEL.03-3233-0643　FAX.03-3233-3440

（本体価格は変更される場合があります）